李 泰王 著

「ものづくり」自動車産業論

HYUNDAIとTOYOTA

第2版

中央経済社

序　文

日本のものづくりは優れているか

「日本のものづくりはすごい。」これは，私たちが日々耳にするフレーズです。このフレーズを聞くと，何の疑問も持つことなく，誇らしい気持ちになります。

確かに，長い年月をかけて繊細さを極める芸術や文化の創作であれば，日本のものづくりは優れているといえます。ところが，工業製品だと，すこし話が違ってきます。なぜなら日本のものづくりが優れている分野とそうでない分野に分かれる，ということに気づくからです。

私たちは，日本のものづくりはすごいと自画自賛ばかりしてはいないでしょうか。

メイド・イン・ジャパンの実力が確かであっても，他の国がそれなりに力をつけてくると，これは，日本のものづくりにとって脅威になるわけです。国際統計などをみれば，激しい競争のなかで日本のものづくりに転換が迫られていることが分かります。ものづくりの進化は危機とともに起きるということを忘れてはなりません。

では，何を変え，何を継承したらよいか。答えは，現場からトップマネジメントまでを包括する最適なものづくり型を策定し，それを基盤とするビジネスモデルを構築することです。

本書は，こうした切実な問題に応えるために，経営論と産業論の垣根を越えた「ものづくり産業論」の理論的検討を行い，製造業とりわけ自動車産業やメーカーが必要とする経営戦略を提示します。

韓国のものづくりは大丈夫か

本書では，米フォード社の画期的な工場革新を自動車ものづくりの起点として捉えています。ガソリンエンジン搭載の車は発祥地のヨーロッパでは大衆的な乗り物にまで発展せず，起業家精神に溢れたアメリカ大陸において初めて耐久消費財となりました。

市場需要の創出を伴わないようなものづくりは単なる発明や科学実験の成果に過ぎなかったのです。ところが，フォードの自動車ものづくりは，序章で検討するように，汎用性に優れており，第一次世界大戦後はヨーロッパや日本に，また第二次世界大戦後は韓国などに波及しました。その背景にはグローバル・フォーディズムと呼ばれるものづくりの国際分業秩序が形成されていました。

韓国の現代（ヒョンデ，HYUNDAI）自動車は，国内市場の狭隘さを打開することができる自動車づくりに挑戦しました。フォードに始まった自動車ものづくりは，日本の自動車ものづくりとそれに次ぐ韓国の自動車ものづくりまで継承され進化を繰り返してきました。

しかし，韓国の製造業のものづくりは岐路に立たされています。業態をまたがる垂直・水平統合による相乗効果は，成熟段階に入った韓国経済においては期待できなくなってきています。

業態によって異なるものづくり思想が雑多に混在しているため，相乗効果どころか，逆に個々の効果が相殺されてしまうというものづくり戦略の混同とその悪循環が顕在化しています。

本書では，複雑なものづくり戦略を単純化することが韓国の製造業の最重要課題であることを明らかにしています。

本書の構成

それでは，本書の構成について紹介しましょう。

序章では，大量生産方式を築いたヘンリー・フォードのものづくり思想の原点に立ち返って，今の製造業が抱えている諸問題に対する視座を探ります。

　第1部は，「メイド・イン・ジャパン」と題し，トヨタ自動車を中心に日本的ものづくりの発展，変容の過程を多面的に分析します（第1章〜第3章）。特に第3章では，組み合わせ型，擦り合わせ型，「詰め合わせ型」のものづくり型3形態の間の分業関係を解明します。

　第2部は，「メイド・イン・コリア」と題して，日本的ものづくりの諸問題と可能性とを対比しながら，韓国の製造業のものづくりについて成立と発展，危機の順に考察します（第4章〜第6章）。ここでは，現代自動車の登場を自動車ものづくり第4世代として位置づけ，そのパフォーマンスと課題を探ります。

　第3部第7章〜第8章では世紀的イノベーションと声高にもてはやされているエコカーの技術開発の光と影の部分を明らかにします。また，自動車産業のカーボンニュートラル化を見据えた市場分析を行います。

　本書の主要な論点は，擦り合わせ型，組み合わせ型といった2つの範疇に入らない重工業ものづくりを規定することです。インフラ分野を含む重工業は，日本の製造業の歴史そのものであり，今も相変わらず日本の誇りです。その一方で，この分野のものづくりに関する検討が空白の状態のままです。

　筆者は，こうした問題意識を踏まえて，「詰め合わせ型」ものづくりの発見を通じて日本的ものづくりの再生の可能性を打ち出しています。

　第一に，重工業ものづくりは，自動車，とりわけ乗用車部門におけるものづくり思想といかに違うかについて検討しています。

　第二に，通説の擦り合わせ型や組み合わせ型に加えて，「詰め合わせ型」ものづくりが広く存在していることを立証しています。

筆者の「詰め合わせ型」ものづくり仮説では，流れ工程に適したプラットフォームを前提とせず，フレームワーク（枠組み）の構築を設計思想の基本としています。したがって，この概念は，産業構造の高度化や企業のビジネス再構築に資する処方箋の一つになると思います。

本書の活用法

　本書『「ものづくり」自動車産業論』は学生諸君をはじめ製造業関連に従事される方々にも必読の本です。

　本書は産業界やビジネス実務に新しい視点を提供しています。というのは，組み合わせ型ものづくりが勢いを振るう電機・電子産業や擦り合わせ型ものづくりが版図を広げる自動車産業，そして「詰め合わせ型」ものづくりを得意とするインフラ・重工業分野までをカバーしているからです。組み合わせ型か，擦り合わせ型か，それとも「詰め合わせ型」か，といったポリシー・ミキシングに本書は役に立つでしょう。

　また，大学の教材や研究書としても広く利用することができます。生産管理，マーケティング，技術経営，経営戦略，経営史，国際経営などの経営関連科目や日本経済，産業組織，アジア経済，国際経済などの経済系科目の教材として採用も可能です。

　日本経済の先行きに関心のある一般読者の方にも，ぜひ本書を読んでいただきたいと思います。

　最後に，本書の内容が十分でないことを筆者自身が痛感しています。おもわぬ誤りについては，読者のご叱正を真摯に受け取り，版を重ねる際にその旨を反映させていただきます。

筆　者

目　次

序　文

第1部　メイド・イン・ジャパン

第3章　日本の新ものづくり立国　52

第3部　新しいものづくりへの挑戦

第7章　エコカー技術開発の光と影　138

序章 自動車ものづくりの誕生

　自動車は実用化されてから100年余りの歴史を持つ耐久消費財である。私たちに技術の革新を身近に体験させてくれるたいへん面白い生活必需品でもある。まず安全で長持ちし，かつ乗り心地のよい車を選ぶことになるが，ここで重要なのは財布の事情が購買行動を決定するということである。

　経済学でいう予算制約つまり所得の許容範囲が考慮されねばならない。

　製造する側の予算制約に消費者側の予算制約が噛みあったかどうかで，自動車メーカーは浮沈を繰り返した。人件費と収入といった企業と家計それぞれの管理項目のバランス問題で勝敗が分かれた。このように，自動車産業の発達は自動車の値段を決める技術的・社会的関係の歴史であったといっても過言ではない。

　こうした発想をいち早く悟り，全く新しい自動車ものづくりに挑戦した経営者が存在したのである。

　ヘンリー・フォード（Henry Ford）は，生涯を通じて車づくりに打ち込み，車社会の到来に先立って３つの行動を決断した。１つ目は，工場の製造プロセスを革新したこと，２つ目は，労使関係に関する発想を変えたこと，３つ目は，産業資本家としてやたらにウォール街を出入りしながら金儲けに熱中した連中を軽蔑したことである。

　本章では，生前にあっては自分の偉大さに気づくことのできなかったフォードの人物像とフォード式経営がもたらした社会的変容をみていきたい。

1 工場革新の起源

天才，ヘンリー・フォードの夢

　フランスやドイツなどでは1880年代にすでにガソリン内燃機関の開発が進められた。巷には車の形をした車両が出現していた。しかし幾多の発明家や技術者の情熱をもってしても，商品として受け入れられるほどの車づくりまでは至らなかった。なぜなら，指で数えられるくらいの販売ではビジネスにならなかったのである。

　当時の車は，お金持ちの愛用品以外の何ものでもなかった。現在，高級車の代名詞としてメルセデスやBMWの名前を思い浮かべる人も多いと思われるが，当時の車はこれをはるかに超える高価なものであった。

　また，アメリカにおいては運送手段として鉄道，馬車，蒸気船が使われていた。鉄道は広大な大陸を縦断することに適していたし，馬車は近距離移動・運搬に都合の良い乗り物であった。その頃のアメリカの産業は，製鉄，ゴム，ガラスなど鉱業関連分野と馬車，鉄道車両，船舶など輸送機械分野に集中し，わずかしか造られなかった自動車の使用は，高価なために，一般大衆の生活様式のなかにまでは浸透しなかった。

　折しも，ヨーロッパは第1次世界大戦に疲弊し，大衆の消費欲求は起こらず斬新な車づくりは失敗し，第2次世界大戦によって自動車の産業は，戦車牽引車やトラック，軍用機の製造に転用される運命となった。

　ところが20世紀に入ると，アメリカでは新しいビジネスとして自動車製造会社が多数出てきた。手頃な値段の車が造られ，懐事情が潤沢でなくとも，若干の融資を与えられたら人々は車を買ってくれるという，今になって考えれば当たり前のことに少しずつ気づき始めた。だが，メーカーの立場はというと，安い値段でたくさんの車を造ること，言い換え

れば，低コストのものづくりをいかに可能にするかが課題であった。

　1903年，フォードはフォード・モーターを設立した。良くも悪くも，ヨーロッパの技術者たちの技術的蓄積にアメリカ人の冒険心と投資マインドが結び付いた。アイルランド系移民で農家生まれのフォードは，ミシガン州の農村が馴染まず商工業の町デトロイトに移り住んだ。

　都会の大企業や町工場には仕事を求めて移民の青年たちが集まってきた。なかにはフォードのように英語ができる人間もいたが，英語の読み書きや喋りが不十分ですぐに仕事を辞めてしまう，そのような人たちが大多数であった。いずれにしても，当時のアメリカの製造業は非英語圏移民の労働者たちを底辺に入れることによって成功し続けることができた。

　工場で働く従業員たちの困窮した生活実態について，フォードは自身の過去の境遇と重ねあわせ，何とか解決したいと感じていた。さらに，従業員の他にも一般市民の惨めな日常の生活ぶりにいささか憤りを抱いていた。こうした状況からフォードの破天荒な発想は芽生えていった。

　会社設立から5年経った1908年に，フォード社はT型フォード（Model-T）を生産・発売した。1927年に生産が打ち切られるまで，爆発的な売れ行きで会社は潤った。フォード社と消費者の双方を満足させたのは，T型フォードのシンプルな造りと低価格という新しいものづくり思想であった。これをきっかけに，アメリカ自動車産業は大きく転換した。

　群小メーカーが乱立していた自動車産業に再編の嵐が吹き始めた。T型フォードが発売されたのと同じ年に，ゼネラル・モーターズ（GM）社が設立され，十数社を合併していった。結局，フォード・GM・クライスラーのビッグスリー体制に移行したのである。

　これは，フォードの一人勝ち時代の終焉を意味していた。ライバルG

Mの登場とそれに伴う市場シェア争いを通じて，フォード車の真価が問われる格好となった。

ベルトコンベアがアメリカを変えた

フォードは，T型フォードが大型車を造っているＧＭに比べて簡単な造りであることを利用して，単価の切下げや製造原価の引下げに着手した。そして製造原価を構成する材料費，製造コスト，人件費のなかで製造コストの削減に取り組む必要性に迫られた。

こうしたなか，1913年4月1日，フォード工場では新しい装備が取り付けられ，彼のいう「動く生産ライン」が試験運転されていた。フォードは，偶然ともいえる発見からアイディアを掬い上げた。彼はシカゴの精肉工場の天井に下がって頭上に走る架線の様子を適用したと記している（H.フォード，69頁）。肉の塊が，一定のスピードで流れていくなか，従業員たちが整然と作業していることから閃いたという。

それは，ベルトコンベアであった。そこには，同じ作業スピードの強要という高度な計算が秘められていた。未熟練労働者に対する，①怠けの追放，②組立時間（タクトタイム）の厳守，③責任の明確化へのコミットメント，などである。しかし，バラつきのある個人差を均一化・統合させる物理的なシステムだけでなく，そうした場合に生じる精神的・肉体的苦痛に対する引き換えとしてインセンティブの提供も必要であった。

さて，1911年にアメリカの著名な機械技師F.W.テーラーは『科学的管理法の諸原理』という書物を上梓した（初版）。そこでは，工場の現場管理がどんぶり勘定であってはならないことを強調し，経営者と従業員とが納得可能な範囲で，作業の規律付けを定めることを提案している。科学的管理と呼ぶ理由を次のように述べている。

　「労使の真の利害は1つであり，同一であること，雇用者の繁栄は，もし従業員の繁栄を伴わないならば，長く続くことはないし，逆もまた同じであること，そして，工員には彼が最も欲するところのもの―高い賃金―を，雇用者には製造業者としてその最も欲するところのもの―低い人件費―を与えることができる，と。」（F.W.テーラー，5頁）。

　テーラーは構想と実行を切り離し，経営者が構想部門を担い，従業員は決まった仕事を遂行するだけの役目でなければならない，と力説した。サボったり甘えたりする従業員たちに飴と鞭を与え，工場の効率を高めることを理念としていた。

　しかし，テーラーの論理は明快で分かり易いが，規則正しい工程作業を全うさせる手段，つまり具体的な道具の提示が欠落していた。

　フォードがテーラーの主張を根拠にしてベルトコンベアを設置したかどうかは不明だが，フォードの工場ではテーラーの思想が生き続いていた。欠品や作業ミス，ラインからの離脱などの不具合をなくすための機能的な仕組みの必要性については誰もが考えていたかもしれない。

2　日給5ドル賃上げの産業革命

移民労働者の解放

　フォードの組立工場でベルトコンベアが設置されると，大量生産が可能となり，同時に作業能率が大幅に向上した。しかし，簡素化したはずの作業が，従業員たちには危険な問題として受け止められた。従前とは異なった連続・反復作業に堪えられず会社を辞める事態が雪崩のように発生しようとしていた（一時期の離職率：380%）。

　そこで，フォードは賃金制度をめぐる判断に苦慮した。時給を下げ，

製造原価を抑える手法は折角値下げしたフォード車の潜在的顧客の数を減らす，という全くの逆効果で跳ね返ってくることを見抜いた。

1914年にフォードの工場では未曽有の賃金上昇が発表された。従業員の平均日給を2.5ドルから5ドルまで一気に倍増させるという内容であった。アメリカ産業界に衝撃を与え，世間を騒がせただけでなく，従業員たちにも心境の変化を生じさせていた。英語が喋れない移民の労働者たちは，初めてフォードの従業員に生まれ変わった。社内教養教育プログラムを通じてアメリカの国旗に忠誠を誓い，英語を母国語として学べる，といった変革に身を任せるようになった。

1910年代のアメリカ社会は，スコットランド人やアイルランド人を最初の移住者として迎えた。彼らは，アングロサクソン系移民者であった。引き続き，英語が話せない大陸系のドイツ人，ポーランド人，イタリア人などが大挙して流入し，新しい労働力を形成した。しかしながら，こうした移民者たちは，フォード製の車を買うほどの収入を得ておらず，直ちに耐久消費財の市場に組み込まれることはなかった。

こうした画期的な賃上げ方針は，真面目に働いている従業員に対するご褒美であり，かつ正社員への一種の登用条件を仕掛ける制度的アプローチであった。フォード・モーター・カンパニーという会社単位で始まった賃上げ制度が，やがてアメリカ全土に拡散した。

T型フォードと賃金主導型成長

フォードは，1863年に6人兄弟の長男に生まれた。13歳のとき，母を亡くして，16歳で故郷のミシガン州の田舎を離れ，デトロイトに移り住んだ。機械工などの仕事に就き，後に製造業大企業のオーナーになることに成功した。

不思議なことに，彼は，早い時期からエジソン会社の技師を任される

など産業界の重鎮たちと自然に交流を深め，その前歴を資産として活用していた。しかしながら，多種多様な人種に依存する工場と不安定な職場，そこで働く労働者たちの怠惰をまのあたりにしていたせいか，政府，銀行，ウォール街など制度圏のルールをあまり信用せず，むしろそれらを敬遠していた。

　彼のサクセス・ストーリーは，主として，大量生産システムを考案し，より安い車の生産を成功させたことに集約される。しかし連続・反復作業，つまり流れ作業を可能にしたのは，工程設計の工夫にとどまらず，労務管理の深部を突く鋭い叡智であったと考えられる。

　フォードという人間を一夜にしてアメリカ産業界のスターダムにのし上がらせたのは，①ベルトコンベア設置，②日給５ドルの賃上げ，③週５日・８時間就労制度である。これらはフォード式経営の３大シンボルであり真髄となっている。そこには自分の出自と経験が色濃く反映されていた。

　イギリスで発祥した産業革命が機械的動力による生産性向上メカニズムであったのに対して，アメリカのフォード工場で始まった産業革命は働く動機を付与した生産性向上メカニズムであった。

　フォードは，彼の工場で働くアメリカ移民労働者を貧困と差別から解放した。様々なハンディを背負った人間に対する寛大な処置がビジネスの観点から計算されて行われたとしても，フォードの業績は過小評価されるべきではないと考える。というのは，フォードの電撃的な賃上げ決定は国家の産業政策などの指導のもとで施行されるものとは次元が違ったからである。

　筆者は，労働者たちに消費者の地位を付与した歴史的な出来事であったという意味で，移民労働者の解放に結び付いたフォードの賃上げのことを「日給５ドル賃上げの産業革命」と名付けておきたい。

1980年代にアメリカの成長モデルと日本の成長モデルの違いをめぐって国際的議論,「フォーディズム」論争が繰り広げられた。トヨタ・システムに代表される日本的生産方式,ならびに日本的成長モデルを規定する際に,どうしても比較の基準点としてアメリカ型成長モデルの定義が必要であった。論点の核心は,生産性向上の成果をどのように配分し,その分配方式(労使関係)がいかに総需要につながったかを日米間で比較することであった。

当時の論争では,フォードとトヨタという社名に倣って,アメリカの「フォーディズム」と日本の「トヨティズム」がそれぞれ両国の成長モデルとして提起された(R.Boyer, 1986,山田鋭夫,1991)。

3 フォード式経営の波及

フォードとGMの欧州進出

アメリカで始まったモータリゼーションは遂にヨーロッパへ渡った。大陸での市場を狙った進出であったが,一方では優れたアメリカの生産技術が求められていたからである。ドイツやイギリスの自動車メーカーは,みな生産能力は有していたとはいえ,低コストで大量生産が可能なシステムを備えていなかった。

最も早かったのはフォードで,1911年の英フォードの設立を皮切りに,仏フォード(1916年),独フォード(1925年)が続いた。いずれも現地子会社をつくる方式を採用し少品種大量生産に拍車をかけていた。

他方,GMは1925年にイギリスのヴォークゾルを買収した後,引き続きドイツのアダム・オペルを買収し(1929年),ヨーロッパでの足場を築いた。GMの採った海外進出の方式は,自前主義を貫徹するフォードとは明らかに違っていた。買収によって事業を並列的に拡張した創立当

時の経営戦略とそうした方向性は，現在に至るまで変わらず，ものづくり思想の本質的な部分をなしている。

　フォードのヨーロッパ進出は，ドイツにおいて，全く異質の展開となった。ドイツ政府が，第1次世界大戦後の逼迫した経済状況を立て直すためにフォードの大量生産方式を取り入れ，国民車構想を打ち出した。

　1934年にフォルクスワーゲンが設立され，3年後に生産が開始された。その政策とは，低廉な4人乗りの乗用車であること，基本的に国産部品を使用すること，大量生産装置を備えること，大量の雇用創出が可能であること，そしてドイツ全土の道路網を整備すること，などを盛り込んだ国家計画であった。大型で燃料消費の多い高級セダンの生産が抑制される一方，国民感情に迎合できる小型乗用車の単品生産が押し進められ，ビートル（Beetle）が誕生した。これが大衆車として国民的人気を博したのは戦後になってからである。

フォード式経営とアジア

　アジアの文明国，日本にもアメリカ自動車メーカーが進出した。1924年に日本フォードが，1927年には日本GMがそれぞれ設立された。これをきっかけに，政府は従前の造船や製鉄などの分野から自動車産業にいたるまで製造業全般の同時的発展を推進した。その一環として，1936年5月29日，自動車製造を許可制に変更することと，許可会社の軍需生産への転向を義務とすることを盛り込んだ「自動車製造事業法」を公布・施行した。

　トヨタ社史によると「結局，この法律の目的は，日本フォード，日本ゼネラル・モータースのしめ出しを図ったものです。これによって，日本フォードは，年間12,360台，日本ゼネラル・モータースは，9,470台と台数を制限されました。」（トヨタ自動車20年史，63〜64頁）

国産車メーカーの育成に乗り出した日本政府と軍部の強い要望に応えて，1937年に豊田自動車工業が誕生した。太平洋戦争の機運の高まるなかで，フォードとＧＭ両社は日本市場から追い出された。

　第２次世界大戦後にアメリカ自動車の日本進出の途が開かれた。しかし，戦後復興期の日本の市場が低迷していたため，進出を見送られたことも一因となって，それ以降，アメリカ車のブランド・イメージは消え去った。

　現在の世界自動車生産５大国（中国，アメリカ，日本，ドイツ，韓国）のなかでアメリカ車が最も売れていない市場に日本が挙げられる。その理由を直感的な見方でいえば，アメリカの技術体系（設計思想）または生産技術（ものづくり）と当該国のそれらとの類似性の有無に求めることができる。

　たとえば，比較的シンプルなものづくりを得意とするドイツにはアメリカ車の生産技術が移転され，とりわけフォルクスワーゲンがフォード式経営をそっくり踏襲した。韓国では先進メーカーの技術が受入れ側の都合に合わせて取捨選択された。中国では地場資本との折半出資方式で外資が積極的に入ってきた。このようなケースで分かることは，技術体系の移転が行われていた点である。

　それでは，日本だけがなぜ特殊なケースとなったのか。日本は先進的技術を習熟した後はそれを廃棄し，別の技術体系（設計思想，生産技術，規格，など）に造り直し，元の技術と差を付ける，改善のものづくり発想が優れている。だが，日本のものづくり型が海外においては，現地のものづくり思想との間でミスマッチングを起こす余地があるということに留意しておこう。

4 むすび

　自動車はもちろん，テレビ・冷蔵庫・洗濯機など日常の耐久消費財は大概ベルトコンベアに載せられて造られている。農家でさえ果物や卵のサイズ選別作業に流れ装置が利用される。このように連続・反復作業が求められている理由は，効率が良いこと，大量に処理が可能であること，ランニングコストが安いこと，さらに作業の内容が比較的単純であることにある。

　私たちは，流れ作業を大規模工場で実用化したことで，フォードのことを称えるにやぶさかでない。しかし，単調な反復作業に起因する労働者の精神的・肉体的疲労の問題が様々な要因と絡んで深刻化したケースをみてきた。その典型が現在，韓国の対立的な労使関係において発現している（この点に関しては第6章を参照）。フォードの時代でも，今日においても，ものづくりの世界は複雑で奥深いということが分かる。

　私たちは，個人の権利と義務が保障される社会を生きている。ある組織（企業や団体など）に入った途端に，好むと好まざるとにかかわらず，人間関係のピラミッドに組み込まれ，上司への順応や部下への権威をまとう二重の人格者に化けてしまう。これが企業なのだと認めつつ，自分に優しい上司やボスの存在を熱望するきらいがある。

　最後に，フォードは車社会の黎明期にどのような思いを持ち，存命なら，100年も過ぎた今日の社会に何を投げ掛けてくれるであろうか。フォードの業績とその歴史的意義を改めて吟味する必要がある。

コラム序－1　ヒトラーが愛したフォード式経営

　A. ヒトラーは，1938年にドイツ国家勲章をフォードに授与した。ドイツ・ナチス党の結束，そしてドイツの産業発展に寄与したことが評価されたためである。ヒトラーは，1931年デトロイトの某記者のインタビューに対して，「俺の精神的支柱としてヘンリー・フォードさんを尊敬している」と答えた。ミュンヘン執務室にはフォードの写真を掛けておくほど，ヒトラーはフォードを熱烈に信奉していたという。(M.W.Albion, p.137)

　フォードは，T型フォードの成功に乗り，デトロイトの名士とあがめられて，マスコミの取材を受けたり，ローカル紙を創刊したりする過程で，ユダヤ人に対する人種差別的な発言を繰り返していた。金儲けに狂ったユダヤ人，世界大戦や大恐慌の元凶，さらにアメリカの銀行・劇場・新聞社までも支配しようとするユダヤ人，等々。フォードは，「どこかで問題が起こっていると，それにはユダヤ人が関わっていることが分かるはずだ」(M.W.Albion, p.136) ということまで慎まずに述べた。

　このようなフォードとヒトラーとの奇妙な接点により，ドイツ自動車産業の大衆化が軌道に乗ることができた。

　しかし，「国民に親しまれる車づくり」の動機においては，ヒトラーはフォードとは180度異なっていた。まず，フォードは額に汗しないで儲けようとする人間の代名詞として，また労働組合結成のオルグにユダヤ人が混じっていたことを挙げ，産業資本の破壊者の総体として，ユダヤ人への憎悪を持っていた。

　これに対して，ヒトラーは極端なファシストで，反人倫的犯罪者であって，国民を動員するための手段としてフォードとその亜流たるフォルクスワーゲンを設立したのである。

コラム序－2　フォード式経営の発想法

　本章で学んだフォード式経営は，4層構造の仕組みとしてまとめることができる。企業レベルの3層（理念→手段→調整）に社会的総意レベルの成長モデルの1層をつないだかたちをしている。フォード式経営の発想法が，現在でも充分に応用可能な面白いマジックになるかもしれない。

　仮に，読者ご自身で会社を立ち上げることを想定して，どのような会社が出来上がるかについて，シミュレーションをしてみることをお勧めする。

フォード式経営が目指す理念は何か➡　テーラー主義
　　構想（精神労働）と実行（肉体労働）の分離で利益極大化

フォード式経営におけるものづくり型は何か➡　連続・反復作業
　　ベルトコンベア，専用工作機械，互換性部品で大量生産

フォード式経営における労使妥協のかたちは何か➡　団体交渉
　　厳格な労働ノルマとの引き換えに高賃金の支払で調整

フォード式経営が導く成長モデルとは何か➡　賃金主導型成長
　　実質賃金の上昇に基づいた大量消費社会の実現

図表序－1　フォード式経営の発想法

理念（戦略）	Q1 理念：
企業経営の捉え方　ものづくり思想	
↓	
手段（政策）	Q2 手段：
理念を実現する道具　生産方式	
↓	
調整（制度）	Q3 調整：
組織管理の様式　労使関係	

（あなたの会社の経営体系）

【ディスカッション】

［1］ フォードが理想としていた工場管理のイメージを，①理念，②手段，③調整様式，④成長モデル，の４つのレベルに分けてまとめてみよう。

［2］ 過去フォードの工場で施行されたことと同様に，今の時代で熟練労働者の日給を2倍に引き上げることができるかどうか，その可否と理由について考えてみよう。

［3］ フォード車とフォルクスワーゲン車が，1930年代にはどれほど似ていたか，また現時点ではどうなっているかについて調べてみよう。

【参考文献】

安部悦生・壽永欣三郎・山口一臣『ケースブック　アメリカ経営史』有斐閣ブックス，2002年。

山田鋭夫『レギュラシオン・アプローチ－21世紀の経済学－』藤原書店，1991年。

フレデリック・W・テーラー『科学的管理法の諸原理』中谷彪ほか訳，晃洋書房，2009年。

ヘンリー・フォード『20世紀の巨人産業家ヘンリー・フォードの軌跡』豊土栄訳，創英社・三省堂書店，2000年。

トヨタ自動車20年史，1958年版。

Frederick Winslow Taylor, *The Principles of Scientific Management*, Harper & Brothers Publishers, New York and London, 1919年。

Michele Wehrwein Albion, *The Quotable HENRY FORD*, University Press of Florida, 2013年。

Robert Boyer, *LA THÉORIE DE LA RÉGULATION Une analyse critique*, La Découverte, 1986年。

― 第 1 部 ―

メイド・イン・ジャパン

第1章 ものづくり企業集団，最強トヨタ

　日本の製造業は，明治期の殖産政策，戦間期の統制経済，そして戦後復興期の官民共同の成長政策など，比較的均一な枠組みのもとで独自の発展を遂げてきた。戦前の旧・財閥がこうした流れの主役を担い，現在も緩やかなかたちの企業集団を形成している。もう1つのケースとして，昭和初期に勃興し戦後になって初めて急成長した後発企業群がある。

　なかでも，本章は，自動車製造に特化して世界最大のものづくり企業となったトヨタの生い立ちとその特徴に注目する。日本的ものづくりの源流に遡って，そこで活躍した人物たちの考え方を探ることは有意義である。

　トヨタは，米フォーチュン誌が毎年発表する，売上高基準世界500大企業トップ10の常連企業である。石油化学などのエネルギー企業や商業のウォルマートを除けば製造業首位となる。

　しかし，2008年世界金融危機以降，トヨタは自社の国内生産台数を300万台で維持することを公約に掲げている。ここで，私たちは，これ程の生産台数を守ろうとしている理由とその必然性について考察する必要がある。

　トヨタ自身が掟としている現地現物主義の意義を改めて分析し，トヨタのものづくりの到達点を確認したうえで，今後の可能性について展望したい。

　これを機に，日本の重工業の名門，三菱重工業の経営理念との比較を行いつつ，伝来の「豊田綱領」の教えを再度吟味したい。

1 現場革新のフロンティア

発明家・豊田佐吉の理想郷

　トヨタ自動車は今の静岡県湖西市ののどかな村落で発祥し（写真１－１参照），愛知県豊田市（挙母町）で起業された。創始者・豊田佐吉は，質素な農家を出て三河方面で職工として近代的な動力織機を次々と創り上げた発明家である。1907年に豊田式織機，1918年に豊田紡績（1943年トヨタ自動車工業に合併，1950年に分離され，トヨタ紡績となる），1926年に豊田自動織機製作所を設立した。

　1930年５月に息子の豊田喜一郎が自動車研究室を設け，自動車製作に打ち込んだ（同年10月，佐吉没）。1933年９月の自動車部設置を経て，1937年８月に「トヨタ自動車工業株式会社」が発足した。

　初代社長には東洋綿花（トーメン）児玉家の婿養子・利三郎（児玉利三郎）が就いた。利三郎は，自動織機と紡績部門の立役者で，２代目の喜一郎の自動車事業への参入に反対したが，戦況の流れに沿うかたちで

写真１－１　豊田佐吉記念館

（出所）2012年11月15日，筆者撮影。

写真１－２　トヨタ自動車本館

（出所）2018年７月15日，筆者撮影。

図表1－1　豊田家とトヨタグループ

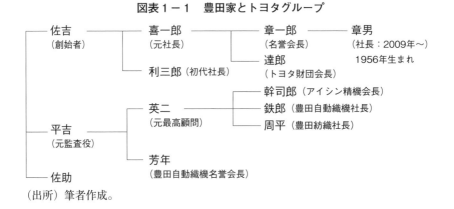

（出所）筆者作成。

トヨタの設立を後押しせざるを得なかった。

　1941年に嫡男の喜一郎が社長となった。しかし1943年に軍需工場に指定され乗用車の生産を打ち切られた。戦後は，1950年に労働争議が発生し，約束に反した大量解雇の断行などで，経営責任をとって社長を辞任した悲運の経営者ではあるが，職工名人の親の懐で工学技術をモノにするビジネスの夢を育み，それを実現させた功績は大きいといえる。

　自動織機出身の利三郎から喜一郎への経営権のバトンタッチは，自動車事業系列の本家と自動織機事業系列の分家を仕分けるトヨタグループ史の分岐点となる（図表1－1参照）。以降，トヨタでは，豊田家門の系統を踏みながら，豊田家社長と非豊田家社長（専門経営者）とが交互に交代する伝統を確立している。

　たとえば，豊田家（佐吉）→非豊田家→豊田家（喜一郎）→非豊田家→豊田家（章一郎）→非豊田家→豊田家（章男）の順に豊田家の嫡男4世代が経営権を継承している。専門経営者たちは経営危機の際に救援登板することや後継者育成の間に中継ぎに投入されることなどの役割を果たした。

　2017年は，トヨタ創立から80周年となる年である。

　喜一郎以降から章一郎までの32年間は，非豊田家執権の前期と従弟英二執権の後期に分けることができる（図表1−3参照）。前期は高度成長期で，後期は国内外に対する制度的調整期にあたる。章一郎から現在の章男までの17年間は事業のグローバル化に拍車をかけた時期である。

　佐吉を祖として豊田家4代目の豊田章男社長が今後どのように事業展開をするかが非常に興味深いところであるが，トヨタ史をみていくなかでよく思い浮かぶ言葉がある。社長が非豊田家から豊田家へ転換したことを意味する「トヨタの大政奉還」である。

豊田綱領

　それでは，「トヨタの大政奉還」の起源となる手がかりを探ってみよう。

　佐吉没後6周忌である1935年に，喜一郎ら一族は5項目でなる家訓「豊田綱領」を定めた（図表1−2参照）。生涯をかけて偉業をなしとげた佐吉を崇め，トヨタ流の仕事への向上心を後世に引き継がせるためのものであった。

　最も上位に掲げられている項目「上下一致，至誠業務に服し，産業報国の実を挙ぐべし」ではトヨタの国民的企業としての使命を凝縮してい

図表1−2　豊田綱領

```
豊田綱領 （1935年制定）
一、上下一致，至誠業務に服し，産業報国の実を挙ぐべし
一、研究と創造に心を致し，常に時流に先んずべし
一、華美を戒め，質実剛健たるべし
一、温情友愛の精神を発揮し，家庭的美風を作興すべし
一、神仏を尊崇し，報恩感謝の生活をなすべし
```

る。「研究と創造に心を致し，常に時流に先んずべし」では研究開発
（R&D）の大切さを明文化し，今のトヨタの先行技術開発の方向性を形
づけた。特に「家庭的美風を作興すべし」はトヨタグループの結束を促
している。この項目は家父長制世襲の含みを持っているし，後世に出来
上がった労使相互信頼の精神的支柱である。

　経済ジャーナリストの水島愛一朗氏は「…同時に豊田家にとってこの
綱領は，初代・佐吉という大黒柱を失い，自動車事業への進出をめぐる
娘婿・利三郎と嫡男・喜一郎の対立を招いた危機感から，豊田家分裂を
回避させるための拠り所という意味あいもあった。」（水島，60頁）とし，
親族内紛争に決着をつけたある種の協約として捉えている。

　大政奉還の原点は「豊田綱領」にあり，この綱領がトヨタグループの
巨大組織を束ねる求心力として機能している。と同時に，時の経営者自
身が経営責任を問われる際の最終的な準拠となることはいうまでもない。

　さて，経営権継承のあり方について，このような同族内のお決まりが
なかった場合は，どうなってくるのであろうか。序章で触れたアメリカ
のフォード家の事情をみてみると，創始者H.フォードから現在の
W.C.フォード・ジュニア（William Clay Ford, Junior）会長にいたる4
代目まで同族経営が続いている。野放図な経営をタブー視する伝統が，
専門経営者（CEO）とフォード一族との絶妙なバランスを通じて，
脈々と引き継がれている。

2　なぜ，トヨタは強いか

マネジメント・ライフサイクル

　トヨタにおけるこうした経営権の世襲では，所有構造や姻戚関係を介
した直接支配とは異なる，より機能的で，かつ合理的な要素が継承され

ている。トヨタという自動車メーカーがどのようなものづくり型をするか，またそのためにはどのような資質を持った後継者を育てるか，といったマネジメント・ライフサイクルが策定されてきたという点である。当初から後継者選びの規範がある場合と慣習化された場合があるなら，トヨタは前者に該当する。

　経営者（同族経営者を含む）は自身の技術的思考（第3章で論ずる設計思想）を会社のマネジメント・ライフサイクルに溶け込ませるリーダーシップを持たなければならない。筆者は，このような経営者の間の技術体系の連続性を「テクノ・アーティクレーション」（Technological Articulation）と呼びたい。

　このテクノ・アーティクレーションが好循環すると，ものづくりとそのビジネスは進化する。しかし，反対に悪循環に陥れば，プロダクト・ライフサイクルが途切れるか，もしくは破壊される結末となる。

　ヒット商品の連発で時代を風靡した名門メーカーが一瞬にして消えてしまうケースは稀ではない。マネジメント・ライフサイクルがあって，勘の鋭い後継者がそれを継承・発展させるというテクノ・アーティクレーションこそ長寿企業の可能性を裏付ける要素である。

　トヨタのマネジメント・ライフサイクルは，大きく分けると3段階で発展してきた。まず1つ目に，織機や紡績から自動車事業へ発展したこと，2つ目は，かんばん方式を採用して最も効率の良いものづくりを実現したこと，3つ目は，グローバル企業としての面貌を整えたことである。それぞれのサイクルの間には，当時の経営者たちの技術的思考（設計思想）が刻み込まれることによって，継続的なテクノ・アーティクレーションが可能となった。

　ここで重要なのは，より長期のマネジメント・ライフサイクルを描く人とテクノ・アーティクレーションの主役が，必ずしも同一人物である

図表1-3　トヨタ自動車関連年表

年	月	主要内容	社長任期
1926	11	豊田自動織機製作所設立（現，豊田自動織機）	豊田佐吉 （1867年生まれ ～1930年没）
1933	9	自動車部設置	
	12	日産自動車設立	
1935	5	A1型試作乗用車完成	
	10	豊田綱領の制定	
	11	トラック生産・販売	
1936	5	自動車製造事業法公布・施行	
	9	乗用車生産・販売	
1937	8	トヨタ自動車工業（現，トヨタ自動車）設立	初代：豊田利三郎 （児玉利三郎） （1937～1941）
1938	7	技能者養成所開設（2002年，トヨタ工業学園）	
1939	11	第1回トヨタ自動車下請懇談会	
1940	2	北支自動車工業トラック工場完成（北京）	
	3	豊田製鋼設立（現，愛知製鋼）	
1941	5	豊田工機設立（現，ジェイテクト）	豊田喜一郎 （～1950）
1943	12	協豊会発足	
1945	8	トヨタ車体工業設立（現，トヨタ車体）	
1946	1	労働組合結成	
	4	関東電気自動車製造設立（現，関東自動車工業）	
1948	7	日新通商設立（現，豊田通商）	
1949	5	株式上場（東京，大阪，名古屋）	
	6	愛知工業設立（現，アイシン精機）	
	12	日本電装設立（現，デンソー）	
1950	4	労働争議発生	石田退三 （～1961）
		トヨタ自動車販売設立：生産・販売の分離	
	5	民成紡績設立（トヨタから分離。現，トヨタ紡織）	
	7	豊田英二：米フォードなど研修	
		朝鮮戦争特需始まる：1962年まで	
1953	8	東和不動産設立	
1957	10	米国トヨタ自動車販売設立	
		乗用車販売国内シェア：42.2％達成	
1958		労働組合方針転換：生産性向上運動参加及び協力	
1959	8	元町工場完成：量産体制構築	
1960	11	豊田中央研究所設立	
1962	2	労使宣言調印	中川不器男 （～1967）
	4	QCサークル活動の本格化	
1966	9	高岡工場完成	
	10	日野自動車工業と業務提携	
	11	カローラ（Corolla）の販売開始	

1967	11	ダイハツ工業と業務提携	豊田英二 （〜1982）
	12	韓国・現代自動車設立	
1970	12	米国マスキー法（Muskie Act）成立	
1974	10	トヨタ財団設立	
1975	4	終身雇用慣行の明文化：最高裁の解雇濫用規制判例	
1977	2	個人用住宅販売開始	
1981	4	豊田工業大学開学	
	5	対米輸出自主規制開始	
1982	7	生産・販売統合：トヨタ自動車に社名変更	豊田章一郎 （〜1992） 豊田達郎 （〜1995）
1984	2	GMとの合弁NUMMI設立（カリフォルニア）	
1986	1	トヨタ・ケンタッキー設立（TMMK）	
		トヨタ・カナダ設立（TMMC）	
	7	労働者派遣法施行	
1989	12	トヨタ英国設立（TMUK）	
1991	3	トヨタ自動車九州設立	
1996	8	トヨタ・インディアナ設立（TMMI）	奥田碩 （〜1999）
1997	12	世界初のハイブリッド車発売（Prius）	
1998	3	日本移動通信買収	
	9	ダイハツ工業の子会社化	
2000	10	第二電電およびKDD買収：DDI設立（現，KDDI）	張富士夫 （〜2005）
2001	8	日野自動車の子会社化	
2004	3	労働者派遣法改定：製造業へ拡大	
	9	広州トヨタ設立（中国・広州汽車集団）	
2006	3	富士重工業と業務提携	渡辺捷昭 （〜2009）
2008	9	米国・リーマンブラザース破産：世界金融危機	
2010	2	豊田章男社長：米議会公聴会出席	豊田章男 （〜2023）
	4	NUMMI生産打切り	
2011	3	東日本大震災	
2012	5	新しいモノづくりTNGA体制具体化	
	7	トヨタ自動車東日本：関東自動車工業の新社名	
2017	8	資本提携：マツダ	
2019	8	資本提携：スズキ	
	9	資本提携拡大：SUBARU	
2020	4	合弁：パナソニックと車載用電池事業	
2021	3	資本提携：いすゞ自動車	
2023	1	社長交代（4月1日付）の役員人事を発表	佐藤恒治（2023〜）

（出所）『有価証券報告書総覧』各年号，トヨタ自動車20年史1958年版およびトヨタ自動車50年史1987年版，などより筆者作成。

必要はない，ということである。

　大野耐一は，名実ともにトヨタ生産方式を生んだテクノ・アーティク
レーションの先駆者であり稀代の現場経営者として知られている。また，
2012年に副社長から副会長に昇格した内山田竹志・現会長は，ハイブ
リッド車の開発に尽力したテクノ・アーティクレーションの主役として
挙げることができる。もちろん，利三郎，石田退三，中川不器男のよう
な大番頭たちや，奥田碩のような組織改革の名社長は会社の経営危機を
救った管理畑のテクノ・アーティクレーションの主役であった。

　このように，トヨタのものづくりは，豊田家経営者たち（院政を含
む）と参謀陣（副社長チーム）のマネジメント・ライフサイクルとテク
ノ・アーティクレーションの結合によって磨き上げられた。

労使相互信頼と現場革新

　もっと分かりやすくいうと，トヨタの真の強みは，トップマネジメン
トの先見の明に対して現場がフォローするトヨタ独自の仕組みにある，
ということである。現場部門は様々な機能に分かれているが，これらの
各組織をまとめるうえで大事な現場は，生産工場とそこで働く技能系従
業員による労働組合である。

　トヨタの労働組合は1946年1月に結成された。組合の綱領においては，
自主的・民主的運営を掲げ，外部勢力の圧力や干渉を排除することを明
らかにした。全トヨタ労働組合連合会（1972年9月結成）の綱領4項目
をみてみよう。

　　（1）「われわれは，労働組合が労働者の自主的な組織であるこ
　　とを確認し，外部からのあらゆる圧力，干渉を排除し，自主的運営
　　を行うとともに，組合員相互の友愛と信義を基調にした自主的運営
　　に徹する。」

（2）「われわれは，労働者の生活向上が産業，企業，ひいては社会全体の健全な発展につながることを確認するとともに，労働者が社会の中で生産のにない手として，社会的使命を有することを確認した活動を進める。」

（3）「われわれは，労使関係を労使対等の立場に立って，相互理解と信頼の精神に基づき対処することを基本とする。」

（4）「われわれは，常に新しい時代に即応し，幅広い視野と長期的な展望に立った創造的な活動を進める。」

トヨタの底力は現場にあるという話が，ちょうどこの綱領の趣旨とぴったり合致しているように思える。2022年9月現在，35万7千人を擁するトヨタグループの組合員がこの綱領のもとで一致団結していることが分かる。

図表1－4　トヨタにおける革新の仕組み

階層	行動規範	理念	行動様式	取り組み・革新の成果
トップマネジメント	豊田綱領（1935年）	リーダーシップ	マネジメント・ライフサイクル	○自動車事業進出 ○トヨタ生産方式（TPS） ○グローバル化 ○新設計思想TNGA稼働
研究開発		革新	テクノ・アーティクレーション	○自動車試作 ○ハイブリッド車開発
生産現場	労使宣言（1962年）	改善	創意提案（QCサークル）	○労使相互信頼 ○終身雇用
サプライヤー	協豊会（1943年）	系列化	ジャストインタイム（JIT）	○第1回トヨタ自動車下請懇談会（1939年11月8日） ○協豊会創立

（出所）筆者作成。

　図表1－4に示したように，トヨタの技術革新と現場改善は，トップマネジメントから現場に至る各階層の行動規範・理念・行動様式が明確化され，かつ相互に連携していて初めて達成できるようになっている。要するに，トヨタのものづくりを形付けるのは「豊田綱領」，「労使宣言」，「協豊会」がめざす企業共同体的な革新の仕組みであった。

3　トヨタ本社は，豊田の町にある

国内生産300万台の掟

　2008年に，トヨタの快進撃に急ブレーキがかかった。リーマン・ブラザーズの破綻でドル箱であった北米市場が崩落し，その余波は国内生産にまで波及した。翌年，トヨタ単体での生産が279万台となって300万台を下回った。また，2011年3月の東日本大震災の発生で世界最強のものづくりが危機に瀕していた。

　豊田章男社長は「日本のものづくりを守るために最低限必要な台数」として「国内生産300万台維持」を公約に掲げた。2012年7月に岩手，宮城に点在していた工場を統合してトヨタ自動車東日本を設立し，既存の中部・九州拠点に東北を加え，国内3極体制を整えた。2013年に行われた世界市場の区画によれば，この日本拠点は，北米市場とあわせて「第1トヨタ」組織の管轄に入る。北米・日本一体化戦略になっていることが分かる。

　では，なぜ300万台の生産にこだわるのか。会社が具体的な根拠を公に示したことはない。従来から国内における生産および販売シェアをともに40％台を下限として戦略を立ててきた経緯や，90年代初頭のバブル崩壊以降，国内生産が300万台～400万台で推移していたことも勘案された可能性が高い。当然ながら，これまでトヨタのものづくりを支えたサ

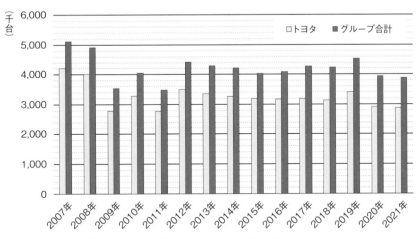

図表1－5　トヨタの国内生産

（注）グループ合計はトヨタ，ダイハツ，日野の合計である。
（出所）各社のホームページ資料より筆者作成。

プライヤーや販売第一線のディーラー（第2章参照）への思いやりが大きく作用したと考えられる。

　日本経済新聞は，2012年6月15日豊田市で開いた株主総会で，豊田章男社長が「もうかるという観点だけで自動車産業が海外進出を続ければ，雇用が失われる」と指摘し，「素材や部品の集積などサプライチェーン（供給網）の総合力が日本のものづくりの強み。現場の相互作用で技術革新を生み出し，世界に展開していく」と述べたと報じた（同年6月16日記事）。このように豊田社長は国内生産300万台維持に強い決意を表明している。

豊田本社の象徴性
　以下では，トヨタの本社の立地について若干触れておきたい。何かの

用事で本社に出向くなら，名古屋駅から電車などで80分はかかる，辺鄙なところまでいかなければならない。世界のトヨタにしてはあまりにも目立たない15階建てビルである（写真1－2参照）。もちろん，名古屋駅前の総合オフィスビルや東京オフィスも構えている。

　主要な議事は地元である豊田市の本社ビルのなかで執られるほど，「豊田綱領」で掲げられた「華美を戒め，質実剛健たるべし」の精神が息づいている。米ビッグスリーの本社ビルが派手な造りになっていることと比べれば，トヨタという企業の倹約な気質には頭が下がる。

　2009年に世界のGMが破産した。本社ビルの華麗さで有名なGMは，世界の自動車メーカーを買い集めた結果，自動車ものづくりから逸脱していた。次の第2章で紹介するが，米ジャーナリスト，デービッド・ハルバースタム氏の「米国は製造の喜びを忘れ没落した」という警告が思い浮かぶ。私たちは，ものづくり企業の傲慢な威容に隠された怖さを見抜かなければならない。

4　むすび

　本章ではトヨタのものづくりの起源と強さの秘密を経営史的観点から探ってみた。豊田佐吉と喜一郎にあっては，欧米メーカーに遅れること30余年で車づくりにスタートを切った。後継者たちは先代からの課業を忠実に完遂することで，揺るぎのない最強ものづくり企業に仕上げた。

　2015年3月期決算で，トヨタは，大幅な増収増益を計上している。これは，コスト削減やハイブリッド車両の販売好調，さらに円高是正など政府の景気浮揚策によるものであった。創立80年を目前にして，トヨタは過去にない市場環境に対してさらなる挑戦を続けている。

　国際競争の場においては，新興国に攻勢をかけているフォルクスワー

ゲンや現代自動車から目を離せない状況にある。

　国内市場では，消費増税や若者たちの車離れ現象が重い経営課題としてのしかかっている。また，ガソリンエンジンとバッテリーを兼用するハイブリッド車両や軽四輪車のニーズが増え，経営資源の電動化・軽量化への集約が進められている。

　トヨタのものづくりは，周知の通り，現場力でもって築き上げられたものである。しかし，極限まで切り詰められたムダの排除や従業員たちの辛抱強さが，様々な外部要因によって試されるようになるのは必至である。このままの攻め方で良いかどうか，真剣に検討されなければならない。

　企業の組織とマネジメントの運営を刷新し，研究開発に新たな思考を吹き込み，さらに現地現物主義の伝統を引き継ぎながら新たな夢が育まれる現場の構築が国民的企業としての使命であると私は考えている。

　昨今，経済連携協定（ＥＰＡ）や環太平洋パートナーシップ協定（ＴＰＰ）など新しい国際分業の秩序が形成されつつある。こうしたなか，トヨタのものづくりが，開かれた日本に相応しいかたちで改めて定義され，広く受け入れられるようになることを望みたい。

コラム1－1　豊田英二がみたアメリカ

　トヨタグループの創始者豊田佐吉の甥で喜一郎の従弟である豊田英二は，1950年7月に渡米し3カ月間アメリカを見聞してきた。渡米の目的についてこう書いた。

　「訪米の目的は自動車産業の今後の見通しをつけることと，米メーカーとの技術提携である。トヨタの将来を考えた場合，米メーカーと何らかのつながりを持った方が得策との判断から，戦前提携交渉をしたことのあるフォードに申し入れた。」（豊田英二，148頁）

　前半はフォードでの研修やクライスラーの工場見学をし，後半は機械工業をみて回った。だが，GMの工場をみる機会は逃してしまったと述懐していた。英二の視察の結果は，以下4点に要約できる。

　第一に，1分に1台のペースで車が作られる，のんびりしたタクトタイムであることを目撃した。

　第二に，少品種生産に適合したライン構成であるため，多品種の生産は困難であると確認した。

　第三に，フォード式の製造や販売では，多人種・多文化的な要素で成り立っていたことが分かった。

　第四に，トヨタとは生産規模は雲泥の差があったが，「技術面ではそう大きな差はなかった」（豊田英二，155頁）。

　ここで取り上げた4点の意義は，フォードにおける自動車ものづくりの思想が基本的に変わらずに現在にまで維持されているということである。言い換えれば，アメリカでの生産方式とは違った何かを追求したおかげで，トヨタはずば抜けた進化を遂げることができたことになる。

　社長就任時の15年間（1967〜1982年），排気ガス規制問題，石油危機，工販合併等，大掛かりな仕事を無難に処理し，存分の経営手腕をみせた。

コラム1-2　三菱「三綱領」

　旧三菱財閥は，創業者岩崎彌太郎が1873年（明治6年）3月に土佐藩の海運業を引き継いで三菱商会を創立したことから始まる。2代目彌之助，3代目久彌，そして4代目社長小彌太に至っては大財閥を成していた。度重なる世界大戦や国家総動員体制に対して，小彌太は1943年2月に三菱「三綱領」を制定し，実業家としての国家への奉仕姿勢を公にした（図表1-6参照）。

　三菱「三綱領」で特記すべきことは，直接な政治活動を禁止する内容を含んでいる点である。三菱財閥は，三井，住友両財閥がそうであったように，政商の性格が色濃くなっていて，戦局次第で起こりうる政治関与に起因する煩いを懸念していた。それを未然に防止するための策が必要であった。

　前述の「豊田綱領」の制定者が複数の親族であったこととは対照的に，この三菱「三綱領」は，制定者当人が自身の考え方を紙面に残したものである。3項目のうち，前の2項目と後の1項目が発言時点で20年もの隔たりがある。これは相当に練り上げた，大財閥総帥としての思念の成熟度を如実に表している。三菱「三綱領」は，旧財閥の解体後は，三菱グループ各社の社是に盛り込まれている。

図表1-6　三菱「三綱領」（1943年2月8日制定）

当人記録	社史の記載内容		初出
所期奉公	一、国家社会に対する奉仕	「事業経営は国家社会に対する奉仕でなければならないという国家的事業観であり，創業者・岩崎彌太郎が理想とした信条と一致する。」	1920年，三菱鉱業関連スピーチ

処事光明	二、商行為の公明正大	「事業を経営し商行為を行うには正当な手段を用い，如何なる場合にも不正不義に渉ってはならぬ」	1920年，三菱商事関連スピーチ
立業貿易	三、政治への不関与	「実業家は実業に専念すべきであって，政治に関与し政党に接近するが如きは実業人の使命の逸脱であり，」	1941年，三菱協議会のスピーチ

(注)　4代目社長，岩崎小彌太の作とされている。
(出所)三菱自動車工業株式会社史1993年版22頁および三菱広報委員会ホームページより筆者作成。

【ディスカッション】

［1］　H.フォードと豊田佐吉の人物像について記述してみよう。

［2］　徒弟奉公から出発した本田宗一郎の生い立ちとホンダの実力について調べよう。

［3］　「豊田綱領」と三菱「三綱領」の違いは何か，また，この違いがトヨタと三菱自動車工業（三菱自工）の現状にどのような影響を与えたかについて議論しよう。

【参考文献】

大野耐一『トヨタ生産方式－脱規模の経営をめざして－』ダイヤモンド社，1978年。

下川浩一編『ホンダ生産システム－第3の経営革新－』文眞堂，2013年。

豊田英二『決断－私の履歴書－』日本経済新聞社，1985年。

水島愛一朗『豊田家と松下家』グラフ社，2007年。

第2章 メイド・イン・ジャパンの変容

　日本の製造業は，周知の通り，ものづくりの底力を背景に成長してきた。他にも官僚主導の国家運営，護送船団式の産業政策，忠実な従業員と雇用保障なども看過できない要素として機能した。

　しかし，状況は変わりつつあった。1997年の山一証券と北海道拓殖銀行の破たん，1999年日産自動車の経営破たんとルノーへの売却，金融ビッグ・バンとメガバンクの出現と続いた。こうした事態の前兆はバブル崩壊のときに現れ，その後，膨張志向から縮小志向に切り替えるところで様々な制度疲労が露呈し経済全般にまで広がった。一連の出来事は，失われた20年の象徴といえる。

　本章では，まずアメリカの有名ジャーナリスト，デービッド・ハルバースタム氏が1987年に残したアメリカ製造業の凋落に対するコメントと日本への提言（朝日新聞コラム）を手がかりにして自動車産業の地殻変動を捉えてみる。

　次に，トヨタの確かな躍進とは対照的に，業績不振で傾いた日産自動車の破たんの始末を労使関係の視点から探ることにする。

　最後に，小売り自動車ディーラー店経営の実態から，フランチャイズ・システムの温室のなかで覆われてきたもう１つの中小企業問題を析出し，これが日本の自動車産業における重大な盲点であることを指摘しておきたい。

1 世界自動車産業の世代交代

アメリカ製造業の浮沈

　1987年1月12日，朝日新聞は「米国は製造の喜びを忘れ没落した」と題したコラムを掲載した（コラム2－1参照）。執筆者は米ジャーナリスト，デービッド・ハルバースタム氏で元ニューヨーク・タイムズ記者であった。

　同年5月には著書『覇者の驕り－自動車・男たちの産業史（上，下）－』の日本版を上梓し，強烈な筆致で各界に衝撃と興奮を与えた。今さら何故，このコラムと書物を引き合いに出したかというと，30年も前に披露された世界自動車産業の状況と展望が見事に的中しているからである。

　1980年代のアメリカでは，メイド・イン・ジャパンの小型車の攻勢により米ビッグスリー（GM，フォード，クライスラー）は経営の圧迫にさらされていた。こうした苦境に対して，日本に太刀打ちできる術がないことに気づいたビッグスリーは正攻法を諦めていた。日本の自動車メーカーと同じような小型車生産への転換は事実上不可能であった。そこで，ビッグスリーはそれを貿易摩擦の題材に取り上げ，輸出自主規制を日本から取り付ける成果をあげた。

　1982年以降3年間，ビッグスリーは軒並み好調をみせていたが，これは長くは続かなかった。「日本の輸出自主規制，税額控除の累積，採算コストの引き下げの強要などによる人為的な需要増がもたらした見せかけの利益で真の製造活動の姿を反映したものでない」（D.ハルバースタム，下巻451頁）ためであった。一時的な浮揚策に限界が露呈し始めた頃，GMは製造戦略を変えることにした。

　GMはグローバル・スタンダート戦略に基づいて1984年からサターン計画を策定し，ばらばらに展開していた世界中の各生産単位を１つの設計思想に束ねる壮大な工場づくり（人に代わる機械化）に乗り出した。他のアジアの国々を物色し，そこで小型車をつくり，日本の勢いを封じ込める計画であった。

　最も有望な地域として韓国が注目された。1986年に現代自動車の小型車が北米初輸出を果たしたことに象徴されるように，韓国の自動車産業はアメリカ自動車産業の外延部に組み込まれながら，現代自動車などではアメリカ市場攻略への準備が着々と進められていた。

メイド・イン・ジャパンの分岐点

　D.ハルバースタムは，アメリカの製造業や自動車産業の凋落とそれに

図表２－１　主要自動車メーカーの国内生産

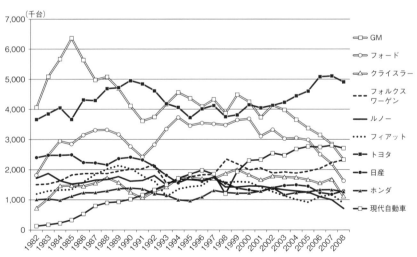

（出所）各種資料より筆者作成。

代わる日本の自動車産業の黄金時代を予見した。このように断定した根拠として，ものづくり精神が軽視されていたこと，安易な海外展開がアメリカ産業をダメにしていることの2つを挙げた。彼は産業が空洞化するという懸念から，事業再構築に伴うグローバル化の選択に対して懐疑的な見方を示していた。

　図表2－1でみるように，1987年頃から2008年のリーマンショックに至るまで約20年間，ビッグスリーは国内事業で低迷し続けている。

　これに対して，日本の自動車産業はどうだろうか。日本のビッグスリーであったトヨタ，日産，ホンダの推移をみてみよう。トヨタは，現地現物主義のものづくり精神を継承しつつ，常に業界トップを目指してGMと激しい競争を繰り広げた。トヨタはグループをあげた総力戦で国内市場を掌握した。日産は，バブル崩壊後に国内販売台数，100万台を切り低迷を続け，群小メーカーに転落した。その一方でホンダは，身の丈に合った経営で堅調に推移し，第2位の地位を確保した。

　いずれにせよ，世界の自動車産業にとって1990年代は試練の激動期であった。マーケティングに偏った消耗戦と自動車メーカーの浮沈で終始した時期である。というのは，これというほど新しい体系の技術革新が起こらず，業界は暗鬱した雰囲気に包まれていたからだ。

　待ちに待った技術革新が日本で起こった。1997年にトヨタが世界初の実用的なハイブリッド車であるプリウス（Prius）を発売し世界を驚かせた。ホンダも遅ればせながら1999年にインサイト（Insight）を発表した。トヨタとホンダは凄絶な戦いを繰り返し，これがメイド・イン・ジャパンの刷新に寄与した。D.ハルバースタムの予見から10年経ったときのことで，自動車ものづくりの忠実な後継者であることを証明してみせたのである。

　新聞コラムの見出し「米国は製造の喜びを忘れ没落した」が示唆する

ニュアンス通り，彼は，アメリカ自動車産業の問題を決して外部要因の
せいにしない素晴らしさで読者の心を魅了した。自ずとアメリカ自身の
問題だと強く訴えた。

　特に注目したいのは，日本に次ぐプレーヤーとして韓国の台頭を指摘
し，韓国の自動車産業の可能性を確信した点である。D.ハルバースタム
は，日本人はものづくりの実用性を追求しているのに対して，韓国人は
一味違う独創性を追求していると考え，現代財閥の重工業分野での実績
を例にあげていた。本書の第2部，「メイド・イン・コリア」で論じる
ように，彼の予見はほぼ的中した。

2　技術の日産，ルノー日産

驕りの日産自動車

　1999年3月に，日産自動車は，カルロス・ゴーン（C. Ghosn）が率い
るルノー公団の傘下に入った。日本中に衝撃が走った重大なニュースで
あった。当時，筆者は日産ディーゼル工業（現，ＵＤトラックス）と技
術提携にあった韓国の三星商用車（現在は，会社解散済み）に勤務し，
この会社の相手が日産からルノーに替わることに気付いていた（このと
きの状況については，第5章コラム5-1参照）。

　ここでは，日産没落の経緯を労使関係の角度から考察したい。

　1950年初頭から日本の産業界は労働争議で明け暮れた。1953年8月に
新しい日産自動車労働組合（第2労組）が結成され，強硬派労働組合の
切り崩しが始まった。新組合は，興銀出身の川又克二社長（1957～1973
年）が念入りの工作でつくったもので労使協調路線を掲げていた。反組
合派の塩路一郎（横浜工場経理課社員）の活躍で日産労働争議は終息し，
人事が組合を支配できる体制が確立した。会社から送り込まれた組合長

の塩路は，次第に経営・人事への関与を強め日産トップマネジメントの一角を担った。1962年に日産グループ労組から成る自動車労連の会長に就任，1972年に自動車総連を結成，1986年まで会長を務めた。1981年イギリス工場建設に反対を表明し，石原俊社長（1977～1985年）と激しく対立した。塩路の退任で日産の社内抗争は1986年に一段落した。

　このような「労使一体化」路線が，「各部門の独立性尊重＝部門間コミュニケーションの不足＝売れる車が造れない会社」といった異常な企業文化の形成につながったと考えられる。これが「技術の日産」の遺産を蝕み始め，結局，日産没落の審判を招いた。

　私たちは，労使協調の慣行がもたらした奇跡と幻想の両面をみることができる。トヨタと日産は，メイド・イン・ジャパンの象徴的な存在であるが，両社のあいだには確かな差異がある。

- ●トヨタは，会社と組合の節度ある労使協調で幾度の経営危機を乗り越えた。
- ●日産は，労使が一体化した驕りの企業文化のため共倒れの運命を迎えた。

　労使関係そのものが，必ずしも企業存続の決め手ではないとしても，トヨタと日産の間の微妙なコントラストに注目しなければならない。

ルノー日産の行方

　日産がヨーロッパ進出をねらって市場調査を始めた当時，ドイツ，フランスの政府筋は反対の立場を表明した。ドイツでは国産メーカーの存在感が強いことから小型車市場を保護する必要があった。一方，フランスは事情が少し違って，ルノーやプジョーシトロエン（ＰＳＡ）のようなメーカー側が反発した。ルノーは，戦後の倒産危機を政府の資金注入で免れた前歴を持った政府系メーカーであったため，日産の現地投資に

図表2－2　自動車メーカー提携関係年表

	日産	三菱自動車	スバル	マツダ
1968年10月			日産と業務提携	
1970年11月		三菱重工業から分離		
1979年11月				Fordと資本提携
1980年7月	アメリカ日産設立（1983年6月ダットサントラック生産）			
1984年2月	イギリス日産設立（1986年7月生産）			
5月				社名変更（東洋工業→マツダ）
1985年10月		Chryslerと合弁設立		
1995年3月	座間工場の車両生産中止			
1996年5月				Fordの持株率引上げ（25％→33.4％）
1999年3月	ルノーと資本提携契約			
12月		ボルボとの業務提携（トラック・バス部門）	GMと資本提携	
2000年4月			日産との業務提携解消	
7月		D-Chryslerと包括的資本提携（持株率37％）		
9月			スズキと業務提携	
2001年3月	村山工場の車両生産中止			
2002年2月	ルノーの持株率引上げ（44.4％）			
2003年1月		トラック・バス部門の分社化（三菱ふそうトラック・バス）		
7月	東風汽車有限の設立（持株率44.33％）			

年月				
2005年3月		D-Chryslerが商用車部門取得（持株率引下げ12.89%）←グループ各社の追加出資		第一汽車と販売合弁設立
10月			GMとの資本提携解消	
11月		D-Chryslerとの所有関係解消（三菱グループ5社で35.4%取得）		
2006年3月			トヨタと資本提携（トヨタ筆頭株主地位確保8.69%）	
9月	日産ディーゼル株をボルボに売却			
2010年3月	ルノー日産とダイムラーとの戦略的協力発表			トヨタとハイブリッドシステムの技術ライセンス供与合意
2011年1月				日産との新たなOEM供給契約締結
6月	三菱自工と軽四輪事業に協力合意	同左		
10月				住友商事とメキシコ新工場の起工式実施
2012年11月				メキシコ新工場でのトヨタ車の生産合意
2013年6月	三菱自工と協力で軽四輪「ディズ」発表	同左		

（出所）各種資料より筆者作成。（注）スバルの旧社名は富士重工業である。

反対した。

　1980年代のヨーロッパ経済は不況とサッチャーリズム（サッチャー英首相の経済自由化政策）の最中にあり，フォルクスワーゲンは，早くも中国市場に進出した。中国政府が改革開放政策に乗り出し，先進メーカーの投資を呼び掛けていて，最も良い条件を提出したドイツに軍配が上がった。要は折半投資の合弁事業でも構わないという内容である。フ

ランスのルノーや日系メーカーは，経営権の確保を主張したため，中国進出を断念させられた。ルノーは1990年代に入って，ラインナップの拡充を進め，再度アジア市場進出を検討していた。

　日産は，1998年末に累積負債1兆円以上を計上し，メインバンクの日本興銀や他の金融界，そして政府に救いを求めたが，救済に恵まれることなく売りに出されてしまった。金融界は，不良債権処理に追われ，日産に巨額融資を与えるほど余裕がなかった。そして，日産は1999年3月にルノーに買収された（図表2－2参照）。

　日産の経営失敗について，財部誠一氏は，カルロス・ゴーンのリバイバルプランを踏まえて次のようにまとめた。

　①収益志向の不足，②顧客志向の不足と，同業他社の動向に過度にとらわれていたこと，③部門，地域の横断的機能と階層を乗り越えた業務の不足，④危機感の欠如，⑤ビジョンや共通の長期戦略が共有されていなかったこと，など（財部誠一1999）。

　ただ，このときの政府の対応は，2009年にGMが倒産した際のオバマ大統領がとった積極的な救済策と比べると，きわめて対照的であったのである。

3　自動車小売業の中小企業問題

ディーラー店経営の危機

　日本の自動車小売店での販売は，1980年代半ば頃には，80％が訪問販売の形態であった。「1日50件訪問」のスローガンのもとで，セールスマンが朝から晩まで顧客詣でに出掛けていた。乗用車の普及に伴って買替需要が安定的に確保できた時代の話である。日本自動車販売協会連合会（以下，自販連）「自動車ディーラー経営状況調査報告書」を使った

『自動車年鑑』（日刊自動車新聞社）のまとめによると，顧客とセールスマンとの信頼関係（長い付き合い）から顧客と企業（ディーラー店）との信頼関係への移行を促し，これが重要課題としてあげられていた。

　しかし，バブル崩壊後は，セールスマン1人当たりの月間販売台数が5台を切り（4.54台，1992～1996年平均），訪問販売の効率が急激に低下した。自動車年鑑（1995年版）では，ディーラー企業が厳しい経営環境に置かれていると捉え，現状と課題が次のように指摘されている。

① 　自社登録問題で見掛け上の販売が横行し，決算対策としての押し込み販売の末に，「未使用車」表示の「新古車」があふれ出していること。

② 　安易なリストラが起こっていること。

③ 　経常利益率1％未満のディーラー企業が少なくないこと，結局，メーカーからの決算対策金で辛うじて営業黒字化したディーラーが多いこと。

などである。

　1996年にチャンネルを一本化したマツダがフォードの傘下に入る（フォード持株率33.4％）など激動期に突入した。自販連は，1996年の自社登録率を平均2.07％と発表，自販連が適正規模とみている1％を超えていることに注意を呼び掛けていた。

　1997年は，消費税率が5％まで引き上げられ，自動車小売店にとって最悪の事態となった。図表2-3でみるように，売上高伸び率はバブル崩壊後の1993年のマイナス5.3％，1997年のマイナス12.3％，そしてリーマンショック時の2008年にマイナス7.9％と，3回ほどの変動がみて取れる。

　こうした販売の低迷は，ディーラー企業にして人員削減，拠点統廃合など経営合理化に駆り立てさせる動機となった。

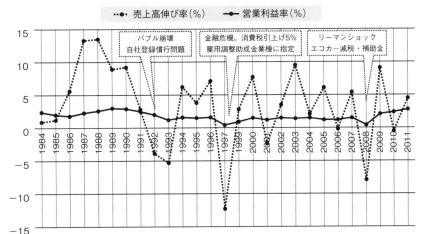

図表2-3　ディーラー企業の経営実績の変化

（出所）『自動車年鑑』および自販連の資料より筆者作成。
（注）1998年は，元資料のデータ不一致により欠落している。

　1998年に，新車販売は600万台を切っていた。実に，1999年3月決算で4割弱のディーラー企業が欠損を計上していた。自販連はこの年の実態を次のようにまとめている。

　①売れる車と売れない車の二極分化が鮮明になっていること，②日産が，従来の4チャンネルから，ブルーステージ（日産系，モーター系）とレッドステージ（プリンス系，チェリ系，サニー系，サティオ店）の2系列に集約し，相互併売を実施したこと，③雇用問題の対策であるが，新車販売業界として初めて「雇用調整助成金」の支給対象業種に指定されたこと（部品メーカー，トラックメーカー，トラック運送業界は既指定）など。

　ちなみに，「雇用調整助成金」の手続きは，自販連が窓口で，「自動車（新車）小売業界」として当時の労働省に申請するようになっている。

1年間有効で，事業者が職業安定所に申請すると，審査後に労使協定に基づく休業や教育訓練，出向経費についての一定の助成が行われる。

フランチャイズ・システムの行きづまり

2006年に，軽四輪車の販売が史上最高の202万3,619台を記録した。史上初めて200万台の大台を突破し，「軽高登低」といわれる時代（軽四輪車が売れる一方で，一般登録車が売れない状況）になっていた。

2008年には，世界金融危機に巻き込まれ，自動車小売店が抱えていた課題が一気に炙り出されていた。

① セールスマン1人当たり新車販売が初めて月3台を切った（2.94台）。

② 新車販売粗利も10.4％にとどまった。

③ 店頭販売比率が56.4％まで上昇し，調査以来最高値となった。

④ 購入区分では，買替45.5％，増車10.1％，新規44.5％となった。

⑤ 新車以外の部門による固定費カバー率は77.0％であった（サービス・部品49.7％，中古車11.9％，クレジット・保険10.9％，その他4.5％）。

2009年には，需要の低迷に歯止めをかけようと施策が講じられたが，自動車小売ディーラー店経営は依然として厳しい状況にある。

① 年間新車販売台数は4,609,255台となった。500万台を下回るのは，1978年以来31年ぶりのことで，5年連続減少となる（1990年がピークで，当時は登録車のみで5,975,089台，合計で7,777,493台）。

② エコカー減税・補助金が給付された。

③ 3年間でディーラー店の閉鎖・転用比率が26％に達した。

④ 5年間で，経費削減を目指してディーラーの集約化が進み，16％が統括会社となった。

　以下では，上記のような問題の所在を踏まえて，トヨタ系ディーラーの様子をみてみたい。

　2012年現在，トヨタのディーラー企業は282社ある（図表2－4）。2003年までは300社を超えていたが，以降は減少の傾向にある。2004年に，オート店とビスタ店が統合され，ネッツ店が誕生したことが要因となった。2005年秋からレクサス店が国内展開され，充実した品ぞろえのトヨタらしさを誇示した。

　しかし，従業者数においては，1994年をピークにして以降は減り続けている。前述した自動車小売店の経営状況をそのまま反映した変化である。

　次に，トヨタの各チャンネルの事業規模を考察する（図表2－5）。

　チャンネル間の比較では，大衆車を扱っているネッツ店が107社で最

図表2－4　トヨタ系ディーラーの変化

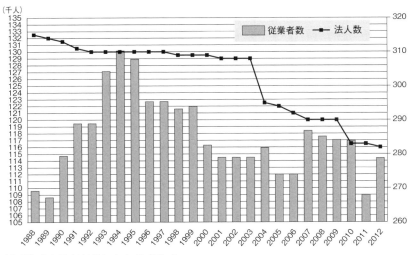

（出所）『自動車年鑑』より筆者作成。

図表2－5　トヨタの各チャンネルの事業規模

（従業者規模別，2012年）

チャンネル	50人以下	51～100人	101～300人	301人以上	計
トヨタ店	0	0	22	27	49
トヨペット店	0	1	23	28	52
カローラ店	0	1	32	41	74
ネッツ店	1	1	72	33	107
計	1	3	149	129	282

（資本金規模別，2012年）

チャンネル	5,000万円以下	5,001～10,000万円	10,001～30,000万円	30,001万円以上	計
トヨタ店	15	22	7	5	49
トヨペット店	22	13	8	9	52
カローラ店	37	26	6	5	74
ネッツ店	40	50	12	5	107
	114	111	33	24	282

（出所）自販連の資料より筆者作成。

も多く，クラウンを販売しているトヨタ店が最も少なく，49社である。

　従業者の規模別では，最も多いのは101人から300人までで全体の52.8％である。100人以下の企業も4社存在する。

　資本金の規模では，5,000万円以下が114社（40.4％）で最も多い。次の1億円以下が111社（39.3％）で，この2つの規模合計で80％近くを占めていることが分かる。

　ここでは取り上げていないが，スズキのディーラー98社のうち，100人以下が41.8％となっている（32社が50人以下）。こうしたことから，トヨタ系ディーラー企業は，他社のディーラー企業より販売台数の多さのおかげで相対的に安定した経営状況にあることと判断できる。

4 むすび

　戦後のアメリカは戦前から引き継いだ製造業の土台と莫大な富を背景に何でもつくることができる世界最大の経済大国になっていた。1970～1980年代になると，モノをつくる大切さが失われ，アメリカの製造業は凋落し始めた。その代わりになったのが日本の製造業であった。現在も，アメリカの製造業は競争力低下の局面から抜け出せていない。

　本章では，米ジャーナリストが下したアメリカ製造業への「最後の審判」論を糸口にして，メイド・イン・ジャパンの変容について考察した。

　彼の予見通り，製造業の主導的な地位がアメリカから日本へと交代した。また，日本の次の走者に韓国を挙げていたこともほぼ言い当てたことになる。彼はマネーゲームを嫌い，過度な消費風潮を戒めていた。

　そこで，順調に推移していくはずだった日本の製造業に亀裂が入り始めた。日産自動車が経営不振を重ね海外メーカーに売却されたのである。主要な原因はものづくりの軽視でもなく，景気変動のせいでもなかった。戦略の欠如と日本的文化への過信がもたらした経営失敗に他ならなかった。

　次に，小売ディーラー店の分析を通して自動車市場での変化を捉えた。中小企業問題の観点からみれば，国内需要の縮小によるダメージは甚だしく，最後の砦ともいえるトヨタ系ディーラーでさえ再編が進められている。モノを売る現場の実態はモノをつくる現場にダイレクトに反映するわけで，今後の推移を注意深く見守っていかなければならない。

　こういう分析から，私たちは，部分的なアプローチではあるが，日本の製造業の黄金時代＝メイド・イン・ジャパンの変容を確認することができる。

コラム2-1　米国は製造の喜びを忘れ没落した

以下は，「朝日新聞」1987年1月12日掲載のD.ハルバースタム氏のコラム全文である。

　「私が昨年，出版した『レコニング』（最後の審判，Reckoning）では，自動車産業における米国の没落と日本の台頭を題材としている。私のねらいは米国にはびこっている「豊かさのおごり」への警告である。おごりの結果，米国人は目的意識を失い，米国の富める時代は終わったのだ，ということを書いた。

　この本を書こうと思いついたのは六年も前のことで，米国自動車産業の没落をみて「アメリカの世紀」は終わったのではないか，と考えたからだ。

　戦後まもなくのころ，雑誌「ライフ」に，ミシガンあたりの工業地帯を映した写真が載っていた。その中に飛行機，戦車やジープがずらっと並んでいる写真があって，ずっと私の頭の中に焼き付いていた。これが私に，米国の産業はどの国より優れていると信じ込ませていたのだ。それがやがて日本の産業に覆されてしまう。米国で「産業の空洞化」といわれる現象が起きてしまったのだ。なぜこうなったのか，自分自身に問うて，答えてみたかった。

　米国と日本の自動車産業を分析することで，私は次のことを知った。第二次世界大戦後，世界中が絶滅の危機から立ち直ろうともがいていた時，ひとり米国のみ，豊かな社会で富の文化にひたっていた。だが，米国人は米国を強くし，豊かにした製造業を次第にないがしろにし始め，モノをつくらない社会にしてしまった。

　一方，第二次大戦で，産業，経済のみならず精神的にも壊滅状態に陥った日本は，二世代にわたって生活の向上という共同の目標を定め，海外から何でも学び，何ひとつ無駄にすることなく取り入れた。

製造し，働く喜びを身につけていった。日本人こそ，自動車の量産技術を確立したヘンリー・フォード一世の子供たち（後継者）ということができる。

米国でも，かつてはモノをつくる人は尊敬されてきたが，いまや第二級市民としてしかみられない。利潤をあげることだけが優先されるから，モノはコストの安い外国でつくられることになる。

この本を書くための取材で，日本にたびたび来ているが，今回の来日では，多くの人から「日本でも産業の空洞化が起きて競争力がなくなり，韓国などアジアの新興工業国の脅威にさらされている」という話を聞いた。日本の経営者が，米国と同じように，マネーゲームや，ものづくりは海外でという利潤を追うことのみに重点を置き始めたとするなら，メランコリー（ゆううつ）なことだと思う。

日本の産業が空洞化しているかどうかについては，勉強していないので何ともいえない。ただ，フォード一世の事業家精神を持ち続けてほしいということだ。」

コラム２－２　トヨタとNUMMI事業

米ワシントン大学のチャールズ・W. ヒル教授は，アライアンス効果のメリットとデメリットを日米合弁企業であるNUMMIの現状から説明している（C. W. Hill, p.406）。

1985年のNUMMI工場着工（手直し工事）以降，トヨタ側とGM側がそれぞれ，どのような利点を得たのかに関するインタビュー調査論文を引用し，以下のようにまとめている。

日本人の駐在員が挙げた利点は，GMの部品調達方式が分かってきたこと，現地従業員の管理ができるようになったこと，さらにこ

　の２点が1988年に開始した100％出資事業であるケンタッキー工場
（ＴＭＭＫ）に適用されたことだった。

　ＧＭの幹部はこういったという。現地名シボレー・ノバ(Chevrolet
Nova，日本名カローラ）という新製品を造るようになっただけだ。
トヨタとのチーム活動を通じて身に付けた知識が全米ＧＭに有効に
伝授されるべきであった。結局彼らは関連会社などに異動してしまっ
て残念だ，など。

　ヒル教授は，日本的ものづくりの目指す理念やその取組みは，ア
メリカ型ものづくりのそれとは確かに異なると認識している。この
ＮＵＭＭＩ事業は，トヨタにとっては，日米貿易摩擦の過程での仕
方ない選択であったが，当時の苦境を逆手に取る契機となった。

　参考までに，ＮＵＭＭＩ工場閉鎖に関するトヨタの公式リリース
文を原文通り紹介する（トヨタのホームページ掲載文を引用）。

図表２－６　ＮＵＭＭＩ生産終了の意義

2010年04月02日　　　　　　ＮＵＭＭＩ生産終了を受けて
　米国西部時間　４月１日午前９時21分，多くの従業員に見守られな
がら，最後のカローラが生産ラインから送り出され，ＮＵＭＭＩは，
25年間続いた車両生産活動を終了した。ＮＵＭＭＩは1984年，ゼネ
ラル・モーターズ（ＧＭ）との合弁事業として，米カリフォルニア州
フリーモント市で生産を開始し，これまでの累計生産台数は800万台
近くに達した。全ての生産が終了した後も，一部の従業員は工場にと
どまり，塗装ガンの掃除や溶接機械のチップ交換などを行い，業務を
終了した。
　豊田社長は，「これまでトヨタ車とＧＭ車の生産に従事していただ
いたＮＵＭＭＩのチームメンバーやサプライヤー，そして地域社会の
皆様に対して，心から感謝申し上げます。また，25年間，共に生産活
動を行ったＧＭに対しても，感謝の念をお伝え申し上げます。チーム
メンバーの皆さんが，最後の一台まで心を込めてつくり込み，終了後

> も器具の手入れをされていたとお聞きし，ＮＵＭＭＩの皆さんのもの
> づくり精神に大変感銘を受けました」との声明を発表した。

【ディスカッション】

［１］　アメリカの自動車産業が衰退したといわれているなか，グーグルなど
　　　では自動運転車を開発している。この点について考えてみよう。

［２］　トヨタのＮＵＭＭＩ事業と中国現地事業との差異について考えてみよ
　　　う。ヒントは，いずれのケースでも折半投資である点である。

［３］　日本の自動車フランチャイズ・システムは，もともとアメリカから日
　　　本に持ち込まれたものであるのに，なぜアメリカはこの制度に不平を
　　　いっているのか，その論拠について議論してみよう。

【参考文献】

カルロス・ゴーン『ルネッサンス−再生への挑戦−』ダイヤモンド社，2001年。

塩地洋『自動車流通の国際比較−フランチャイズ・システムの再革新をめざ
　　して−』有斐閣，2002年。

財部誠一『カルロス・ゴーンは日産を変えるか』PHP研究所，1999年。

デービッド・ハルバースタム『覇者の驕り−自動車・男たちの産業史（上，
　　下）』−」高橋伯夫訳，日本放送出版協会，1987年。

日本自動車販売協会連合会『自動車ディーラー経営状況調査報告書＜総集
　　編＞』各年版。

Charles W. L. Hill, *Global Business Today*, McGraw-Hill, 2009年。

　私たちは，日々目新しい製品の広告をみて技術革新の変化を感じる。新製品が消費者の目に留まらなければ競争から落ちこぼれてしまうという厳しい現実は誰もが知っている。ところが，同じ製造業においても積極的なマーケティングをそれほど必要としない分野や製品群がある。たとえば，産業用機材や部品，工作機械，大型バス，船舶，鉄道車両，飛行機など重工業分野とその製品群が挙げられる。

　自動車や家電などマーケティングを要する分野とそうでなくてもよい分野に分別して議論する理由がある。消費者を顧客とする製造業と消費者を顧客としない製造業つまり重工業とでは，ものづくりの思想と仕組みが異なっていることに注目しているからである。

　本章は，重工業ものづくりに対する新しい視座を提起することによって，日本的ものづくり論の再検討および通説への補足を試みる。そのために，重工業に根付いたものづくりの特質を検出し，耐久消費財産業の実態を反映した自動車ものづくりとの違いを明らかにする。

　本章では，組み合わせ型ものづくりと擦り合わせ型ものづくりを軸とする従前の二分法に「詰め合わせ型」ものづくりという概念を導入し，新しい「ＭＩＦ業際分業」仮説を展開している。この仮説を通じて，ものづくり型3形態の織りなす産業内分業や国際分業のかたちの解明に挑んでいる。

　メイド・イン・ジャパンの復活には，日本的ものづくりの考え方や仕組みの刷新は避けて通れない道であろう。

1 日本的ものづくりの再発見

擦り合わせ型ものづくり

　1970年代以降，日本の製造業輸出企業は，それらを支える中小企業とともに「ムダを省けば利益が出る」という経験則のもとでコスト圧力を乗り越えてきた。しかし，金融自由化の流れに乗りながら迎えた1990年代には，「ムダを省くだけでは利益が出ない」といった予期せぬ市場環境に直面し，日本のものづくりは大変な試練を受けた。

　おりしも，このような節目に，日本的ものづくり論に関する理論的研究が盛んに行われ，家電産業や自動車産業の実情と課題が広く伝わるようになった。「かんばん」に基づいたトヨタ生産方式（ＪＩＴ，ジャストインタイム方式）など，実態調査を通じて得られた様々な発見が体系化され日本的ものづくり論を構成するようになった。

　近年，多岐にわたって展開された日本的ものづくりに関する諸説が，1つの方向に収斂し，統合されようとしている。日本的ものづくり型に普遍的価値を付与し，それをもって，低迷気味の産業界にものづくりの復興を促すという実践的学問にまで発展している。

　このような研究および産学共同活動を牽引していることで注目を集めているのが東京大学の藤本隆宏教授を中心に推進される東京大学ものづくり経営研究センター（2001年，文部科学省の世界最高水準研究教育拠点事業，21世紀ＣＯＥプログラムに選定）である。

　このグループによる画期的な成果は，設計思想説（アーキテクチャー説）として集大成されている。本書においても，この説つまり藤本理論を基本的に採用したいと考えている。

　藤本理論の構成要素は次の通りである（藤本，1997，藤本ほか，2007）。

キー概念（アーキテクチャー，組織能力）

藤本教授は「製品とは設計情報が素材＝媒体に転写されたものである」（藤本，2007，21頁）とし，製品・工程の設計思想（アーキテクチャー）が素材に転写されるかたちがものづくりの核心とみている。組織的分業に依拠した「組織能力」が日本的ものづくりの特性と規定している。

二分法（擦り合わせか，組み合わせか）

製造，開発，販売とサプライチェーンなど各機能の関連性については，諸機能が連携された擦り合わせ型ものづくりと各機能が独立性を持って適宜集散する組み合わせ型ものづくりとに分け，2通りの形式でなるマトリックス領域のなかに様々な産業を配列している。

競争戦略（裏の競争力か，表の競争力か）

製造や開発の現場における生産性，リードタイムなどの指標を「裏の競争力」の尺度とみなし，価格など顧客に示すことができる指標などを「表の競争力」のあらわれであると規定している。日本企業の持つ素質として「裏の競争力」に期待を寄せ，日本的ものづくりの「組織能力」を解明しようとする。

では，藤本理論（設計思想説：アーキテクチャー説）を要約しよう。

日本の製造業の競争優位は，「組織能力」を基調とする擦り合わせ型ものづくりにあり，この「組織能力」を構成する因子は従業員たちのルーティン化した管理項目，つまり「裏の競争力」指標である，ということである。実践学問として設計思想説は，「表の競争力」ばかりに気を取られて企業の価値を計ることに警鐘を鳴らし，同時に「裏の競争力」に甘んじていてはならないと強調している。

ところで藤本理論は以下のような課題を残していると考えられる。

第1に，「組織能力」という概念はきわめて抽象的であるため，それ

を経営戦略の方針なり管理目標に掲げることが困難である。いおうとする意味合いは分かっても実務レベルではそれを使いようがない。こうした概念の曖昧さは，日本社会の馴れ合いや擦り合わせの慣行を理論のなかに反映したところから生じている。

　第2に，擦り合わせ型ものづくりが製造業以外の分野や海外においても応用・適用可能だとして，事例研究が進められている。しかし，この理論の発祥は，トヨタなど自動車産業であって，サービス産業にまで広げるには別の概念規定が不可欠となる。冒頭で述べた通り，自動車と重工業との間でも，ものづくりの思想に差異が存在する。

　第3に，「表の競争力」となる項目は会計もしくは経理の基本であり，市場メカニズムを捉える都合の良い道具である。反対に，「裏の競争力」に対する認知と納得は，先の擦り合わせ型ものづくりを基盤とする取引慣行でなければ難しい。表裏一体の事柄を切り離すことに若干の無理があるのではないかと考える。

「詰め合わせ型」ものづくり

　以下では，藤本理論の示唆と藤本教授からの教示を受け継ぎつつ，これまで注目されてこなかった重工業ものづくりについて検討したい。

　日本的ものづくりの考え方は広い産業分野にまで浸透している。自動車産業の場合だと，ものづくりを議論する際に平準化生産，リードタイム短縮，かんばん方式，自動車ローン，などの用語が聞き馴れているということもあって，トヨタ生産方式イコール日本的ものづくり，といったイメージが定着している。

　しかし，重工業分野にあっては，擦り合わせ型ものづくりのような産業横断的な捉え方では分析しきれない側面がある。重工業のビジネスというのは，大型または大量の受注生産で成り立つ分野である。基本的に

事業者，官庁等発注事業，フリート業者（Fleet：リース会社など）が顧客であって，私たちのような一般消費者が顧客となるということは滅多にないわけである。

　こうした現状を踏まえると，通説とは異なるアプローチの仕方で重工業ものづくりを検討しなければならない，ということが分かる。設計思想説の構成要素と比較しながら具体的にみていこう（図表3－1参照）。

① 　重工業の設計思想には，製品のオーナーとユーザーとが一致しない販売経路の特殊性を持つ。重工業メーカーとしては，顧客であるオーナーのニーズを通して，顔のみえない私たちのような利用者の嗜好を設計思想に織り込むことになる。ここが自動車ものづくりと大きく異なるところである。利用者と直接会うことも，広告に巨額のお金を使うことも当面はいらないのである。

② 　重工業ものづくりは，系列会社合同でパーツなどの内製を行った後に，決まったフレームワーク（「枠組み」）に詰め合わせる形となる。系列会社それぞれが，同じ設計思想のもとで，割り当てられた分業を行うことを特徴としている。市場を介したQCD（品質，コスト，納期）本位の発注で成り立つただの「組み合わせ型」ものづくりとは違うということから，重工業ものづくりを「詰め合わせ型」ものづくりと呼ぶことができる。

③ 　重工業の競争力は，製造工期が長く，長い耐久性能が求められる製品の特性上，実績・認証・第三者保証など「表の競争力」の指標を通して現れる。しかし，その製品のパーツの製造過程においては「裏の競争力」が機能する場面も必要となる。競争力を表と裏とに峻別しない，身の丈に合った両面的なポジショニング戦略の構築がより重要な経営課題となってくる。

図表3－1　重工業の「詰め合わせ型」ものづくり

	設計思想の着眼点	ものづくりの類型	重視される競争力
自動車ものづくり	顧客＝消費者	擦り合わせ型Integral	不一致（表の競争力＜裏の競争力）
		組み合わせ型Modular	不一致（表の競争力＞裏の競争力）
重工業ものづくり	顧客＝事業者	詰め合わせ型Framework	表裏一体（表の競争力≧裏の競争力）

（出所）筆者作成。

　なぜ，重工業ものづくりを「詰め合わせ型」ものづくりと呼ぶのか。

　仮に鉄道車両を造ることにしよう。車両メーカーは発注者（鉄道会社やリース会社）から注文を受けると，製造部門（開発と工場）に対して指示を下達する。それを受けた製造部門は生産に着工する。着工後は，メーカーは発注者との緊密な関係を持たずに，納期まで車両を造ればよい。その間は，メーカーが主体的に各地の子会社やパーツの下請会社と擦り合わせを行う。

　船舶や飛行機等の製造は，港や飛行場の近傍で行われるが，1カ所での集中的な生産が困難であるため，パーツの生産の段階において純粋な意味での擦り合わせ型ものづくりは部分的に採用される。

　さらに，重工業には，ベルトコンベアを取り付けてパーツの組み付けを進めるような流れ工程は基本的に存在しない。言い換えれば，乗用車工場のライン工程には，ばらばらの部品やモジュールが組み付けられるプラットフォームが必要だが，重工業の現場は詰め合わせのフレームワーク（「枠組み」）を必要としている。

2　重工業ルネサンス

羽ばたく旅客機ビジネス

　近年，重工業分野で注目すべき変化が起こっている。前述の仮説を裏付けてくれる三菱重工業関連の事例2点である。

　2008年4月，三菱航空機株式会社（本社，名古屋）が三菱重工業から分離・独立し，2010年より小型ジェット旅客機ＭＲＪ（Mitsubishi Regional Jet）の製造を開始している。2014年秋にＭＲＪ機体が三菱重工業小牧南工場で完成し，試験飛行に着手した。そして，アメリカ・シアトルとオランダに現地販売法人を立地させ，小型旅客機市場に参入した。

　この会社の起源は，1920年に設立された三菱内燃機製造会社で，当時，三菱財閥傘下で船舶や飛行機用の発動機を製作していた。1928年に三菱

図表3-2　旧三菱重工業の系譜

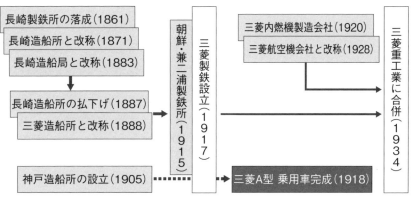

（出所）三菱重工業社史（1956年版）および三島ほか（1987）135～136頁より筆者作成。

航空機会社と改称されたが，1934年に，造船など他の重工業分野と共に三菱重工業に合併された。敗戦後，財閥解体や民需転換といった紆余曲折を経て，この度の発足に至った。

　図表3－2でみるように造船，製鉄，内燃機関（航空機，戦車など）の3分野で活躍していた旧・三菱重工業のパイオニア的存在が再びよみがえろうとしている。

　さて，三菱航空機が三菱重工業とどのような関係にあるかについてみてみたい。出資比率でみると，三菱重工業64％，三菱商事10％で系列が74％を占める。他にトヨタ10％，住友商事と三井物産がそれぞれ5％ずつの比率となっており，これは重工業ものづくりの本質を見据えた事業であることが分かる。

　以前野心的な挑戦として設立された三菱自動車工業（三菱自工）が期待に及ばず低迷しているだけに，他社を巻き込んだ民間航空機分野への進出は，得意分野への特化と航空需要への期待を反映したベターな選択であった。自動車産業は常に消費需要の変動に左右され経営の舵取りが難しくなっており，家電・電子機器分野では競争力を失い危機感を募らせている。三菱航空機の存在は製造業の活路の模索において起爆剤となるであろう。

　筆者は前節で，重工業ものづくりは「詰め合わせ型」であることを初めて提起し，擦り合わせ型ものづくり思想に浸かった産業界の風通しを良くしようとした。この仮説は，変化の実態を確認するだけのものではなく，製造業に変化を引き起こす強いメッセージを含んでいる。よって，三菱航空機の発足こそこの仮説に符合する典型といってよい。

　三菱重工業の設計思想（ＭＲＪフレームワーク＝詰め合わせの枠組み）のもとで，三菱航空機では，重工業の設備・技術・人的応援，サプライヤーの協力，販売などの独自な運用体系（擦り合わせ）を駆使して

飛行機という製品の価値を生み出すことになる。

アライアンス戦略の旨味

　重工業ものづくりの可能性をみせたもう 1 つの動きがある。航空機製造のメジャーである米ボーイング社は，280席規模の最新鋭旅客機「ボーイング787」（以下B787）の製造に当たり，10カ国17社から主要パーツを調達した。デザイン・マーケティング・最終組立てはボーイング社のシアトル本社で行い，他の工程は外注に頼っている。

　この長距離旅客機の開発には，胴体軽量化20％，納期短縮 2 年（ 6 年から 4 年に），グローバル・アウトソーシング70％（品目基準）の目標が掲げられた。

　機体改良の度に外注率が高められ，B707→B767→B777→B787にそれぞれ 5 ％，30％，50％，70％にまで引き上げられた。三菱重工業，スバル（富士重工業），川崎重工業の日本の 3 大重工と東レもこのプロジェクトに参加し，日本企業の分担比率はおよそ35％にも達している。

　世界最大手航空機メーカーのサプライヤーになった場合，どのようなメリットがあるだろうか。まず三菱重工業は，自社開発のＭＲＪ小型旅客機の市場を確保する前段階として，ボーイング社との間で市場の棲み分けが必要であった。

　ここでみる三菱重工業のものづくりの特色をまとめよう。

①　大型受注契約システムを根幹としている（自動車ものづくりとの違い）。

②　生産のフレームワーク（「枠組み」）に合わせた擦り合わせ型の生産プラス組み合わせ型の生産で成り立っている（「詰め合わせ型」ものづくりの特徴）。

③　競争力の源泉がより総合的である（図表 3 − 1 のように表裏一体

の競争力）。

　この３点の要素は，日本の製造業の新しい可能性を示唆する発見であり，同時に経営戦略上の指針になるものと考えられる。

3 新自由貿易秩序と新しいものづくり

日本のものづくりは優れているか

　貿易収支を通して国際競争力や比較優位を図ることができる。しかし，個別企業の競争力を総合評価するには貿易統計が役に立たない場合がある。こうした状況をふまえて日本経済新聞は，国勢を反映していると思われる品目だけを標本に選び，国際・国内市場シェアを比較し，恒例の「主要商品・サービスシェア調査」を発表している。

　2016年の日本経済新聞の調査結果をみると（図表３－３），対象となった57品目中，世界シェア首位品目の国・地域別構成はアメリカ19，欧州11，日本11，韓国７，中国７の品目となっている。

　日本勢は，消費財の分野で巨大な国内市場を持つアメリカや中国には及ばないものの，企業向けのビジネスでは存在感を示した。炭素繊維では東レが航空機用など高機能素材の品ぞろえで首位を維持していた。産業用ロボットではファナックが，デジタルカメラではキヤノンが強固な地位を確保している。ソニーはスマートフォン用カメラ・イメージ・センサー（ＣＭＯＳ）で，ルネサスエレクトロニクスはマイコンで競争力を誇示した。他方，トヨタ自動車はフォルクスワーゲンに首位を譲り互角の戦いを続けている。

　2019年の調査結果はどうなっているか，その変化を捉えてみる。対象74品目中，国・地域別分布ではアメリカ25，中国12，日本７，韓国７の品目となっている（日経産業新聞2020年８月13日）。

図表3－3　世界シェア首位品目の日・韓・中の分布（2016年，57品目）

日本			韓国			中国		
品目	メーカー	%	品目	メーカー	%	品目	メーカー	%
CMOSイメージセンサー	ソニー	47.0	中小型有機ELパネル	サムスンディスプレー	90.5	たばこ	中国煙草	41.5
レンズ交換式カメラ	キヤノン	45.2	DRAM	サムスン電子	47.1	監視カメラ	ハイクビジョン	32.3
炭素繊維	東レ	42.0	NAND型フラッシュメモリー	サムスン電子	35.2	パソコン	レノボ	21.3
デジタルカメラ	キヤノン	34.6	大型液晶パネル	LGディスプレー	28.9	冷蔵庫	ハイアール	20.2
リチウムイオン電池	パナソニック	22.8	薄型テレビ	サムスン電子	28.0	洗濯機	ハイアール	19.9
中小型液晶パネル	ジャパンディスプレー	21.9	スマートフォン	サムスン電子	21.1	家庭用エアコン	珠海格力電器	19.6
マイコン	ルネサスエレクトロニクス	19.6	造船	現代重工業	7.9	太陽電池	ジンコ・ソーラー	8.1
リチウムイオン電池向けセパレーター	旭化成	19.0						
A3レーザー複写機・複合機	リコー	18.9						
産業用ロボット	ファナック	17.3						
タイヤ	ブリヂストン	14.8						

(注) 2015年の55品目に「発電用大型タービン」と「コンテナ船」が追加されている。
　　社名は当時の名称。
(出所) 日経産業新聞2017年6月26日記事より筆者作成。

　内訳では，ＣＭＯＳのソニー（53.5％），デジタルカメラのキヤノン（45.4％），自動二輪のホンダ（36.6％），携帯用リチウムイオン電池のアンプレックステクノロジーＡＴＬ（31.1％），偏光板の住友化学（24.3％），ルネサスエレクトロニクスはマイコンで（18.1％），Ａ３レーザー複写機・複合機のリコー（16.5％，キヤノン同率）となっている。デジタル機器や新エネルギー分野でアメリカと中国が大きくリードするなど，激しい競争のなか日本企業が苦戦を強いられている。しかも8つの品目で首位が交代するなど市場の版図は変わってきている。
　注目すべきポイントは，設計思想説の視点から競争力の測定法を見直

すことにある。北米発祥の大量生産方式は，匠の技に頼る旧来のものづくり思想を大きく変えた。仕様の標準化と部品の互換性を確保することでコスト節減と利益極大化が可能となった組み合わせ型ものづくり（Modular Manufacturing Architecture）の誕生であった。以来，日本の製造業では現場力や組織能力を重んずる擦り合わせ型ものづくり（Integral Manufacturing Architecture）が築かれ，日本製の商品が世界の製造業を圧倒した。ところが，2000年代に入ると，組織能力の外延を開放した第三のものづくり型が勢いを増してきた。これが筆者の規定した「枠組み」型ものづくり（Framework Manufacturing Architecture），すなわち「詰め合わせ型」ものづくりである。しかし，いずれの形態にしろ，基本的に組み合わせ型を同根としていることは言うまでもない。

　それでは，日・韓・中3国はどのような設計思想を特徴としているのか類推してみよう。

　日本の企業は，確かに，擦り合わせ型ものづくりを基盤とする品目で優位に立っている。「自動車など国内現場の調整能力が生きる調整集約財（擦り合わせ型）では，裏の競争力の大差でハンディを乗り越えた。一方，デジタル製品など調整節約財（モジュラー＝組み合わせ型）の多くはハンディを跳ね返せず衰退した。」（藤本隆宏，日経新聞2013年1月7日，［経済教室］コラム）。しかし，現場の調整能力で成り立っている擦り合わせ型ものづくり（Integral Manufacturing Architecture）は，情報システムにおける閉鎖的な性格のため，異質のものづくり型との融合が困難である。

　他方，韓国の企業は，財閥など大企業が主体となって装置産業で半導体やデジタル電子製品を量産している。ローエンドからハイエンドまでの部品・資材を取り寄せる「詰め合わせ型」ものづくり，つまり，「表の競争力」に「裏の競争力」を加味した「フレームワーク」型ものづく

りが際立っている。中国の企業は，労働集約的な汎用技術を製造に結び付けることに成果を上げている。技術的蓄積の後れと量産システムの社会的要求を背景として，組み合わせ型ものづくりの貿易財に特化している（いわゆる「調整節約財」）。

業際分業の時代へ：「ＭＩＦ業際分業」仮説

　ものづくり設計思想の違いは国際および国内分業において競争と棲み分けを決める重要な機能を持つ。ものづくり型が同じ製品同士の取引であるなら，過度競争になり易く，とりわけ国際分業の場面では貿易摩擦を引き起こす。また，同じ現場に異質のものづくり設計思想が混入すると，プロダクトサイクルの乱れや相克が発生すると考えられる。

　仮に，ある事業者が自動車事業と重工業を同時に手掛けているとしたら，つまり，違うものづくり設計思想が混合した場合は，経営はどうなるであろうか。先述したように，乗用車の製造には量産に適した組立「プラットフォーム」が必要であり，重工業ではＱＣＤ（品質，価格，納期）の受注キャパシティーに適合した「フレームワーク」（枠組み）の設備が求められる。したがって，自動車事業と重工業のどちらも上手くいかないどころか，相互に違いばかりが目立ち，経営は大変なことになる。製品のリードタイムの違いはサプライチェーンの乱れを生じさせる，適材適所の人事管理ができないため人件費など経営資源の無駄遣いが目立つ，事業多角化を狙ったつもりの戦略が裏目に出る，といった悪循環に陥ることは想像に難くない。

　筆者は，このような実態を，ものづくり設計思想の相性の問題として捉え，比較生産費説とは異なる，国際分業と産業内分業を包括する新しい分業スキームを展開している。

　組み合わせ型・擦り合わせ型・詰め合わせ型の３形態をそれぞれＭ

（モジュラー）型，Ｉ（インテグラル）型，Ｆ（フレームワーク）型と
名付けて，これらの相関関係を表わす「ＭＩＦ業際分業」仮説を提唱し
ている（李泰王2019）。「ＭＩＦ業際分業」仮説は，①競争力の本質を解
明する設計思想説の理念を借用し，②ものづくり型の選択または特化を
通じて，③競争の緩和に向けた最適な産業再編を促す，という論理構成
となっている。むろん，「ＭＩＦ業際分業」仮説を定量的に立証するこ
とは容易なものではないが，経済動向の予測やビジネスの現場にも一助
となる思考法である。ものづくり型３形態の間の相性に基づいて分業の
あり方を追求する試みとしては有意義な方法論である。

　今，世間では「ものづくり設計思想の混同」に起因する経営失敗の事
態が後を絶たない。三原色の混ぜ方を間違えると，黒か白の無彩色が
映ってしまうのと同じ現象ではなかろうか。産業政策や経営戦略の策定
の際には，ものづくり思想の混同を避け，ものづくり型の単純化を期し
て選択と集中に財源や経営資源を投下しなければならない。

4 むすび

　本章ではデータで表せる「表の競争力」と「裏の競争力」とを結び付
けた新しい方法論を模索している。日本のものづくり論の今日の到達点
である設計思想説の意義を吟味したうえ，この理論の持つ分析道具の欠
落，つまり二分法の問題を解消することである。新たに「詰め合わせ
型」ものづくりという概念を導入することで，国際分業，産業構造，企
業組織，生産現場に顕在化している，ものづくり型３形態の相性関係を
推定することができた。

　恒例の日本経済新聞「主要商品・サービスシェア調査」データを注目
し，日・中・韓３国の間に繰り広げられる国際分業の変容を捉えること

にした。定量化のできない，ものづくり型の事象を具現化する方法論として「ＭＩＦ業際分業」仮説を展開している。「ＭＩＦ業際分業」仮説の展開を通じて製造戦略の選択や成長モデルの構築をより有効にすることも可能である。

　組み合わせる，擦り合わせる，詰め合わせる（填め合わせる）の３つのものづくり設計思想すべてにおいて，日本の現場は依然として強い。だが，昨今，日・中・韓は消耗的な貿易摩擦で疲弊しているように思える。各国・産業・現場に適合したものづくり型を取捨選択し，相互に切磋琢磨しあうべき時点に来ている。

■コラム３－１　「詰め合わせ型」ものづくり解説

　ここでは，自動車ものづくりと対比となる，重工業ものづくりの例を挙げてみたい。

　仮に，大型バスのメーカーがＪＲなど路線バス会社にバスを販売するとしよう。実際乗ってもらう乗客はこのバスのオーナーではない。したがって，乗客が持つであろう乗り心地の良し悪し云々の感想を直接メーカーに伝えることができない。こうした点が，乗用車を購入した顧客（オーナー）とメーカーとの関係とは決定的に違っていることが分かる。

　原子力発電所の原子炉メーカー（たとえば東芝）が原発１基を東京電力より受注した場合，原発のオーナーは東京電力だが，電気の消費者は家庭か業者である。

　また，戦前の例で，戦艦製造元（たとえば三菱重工業）は国（軍部）を相手にして取引をするが，実際の使用者は海軍と水兵であったはずである。

　ここであげた大型バス，原発，戦艦の３製品の設計思想は，運賃，

電気料金，艦上戦闘力とは随分離れた観光ブーム，電力政策，兵站
計画に大きく左右される。結局，重工業ものづくりにおいては自動
車やテレビを買う際の細々したやり取りは必要とせず，生産現場で
の顧客ニーズに対応した緊張感は見当たらないということになる。

図表3－4　重工業ものづくりの位置づけ

設計思想	自動車ものづくり	重工業ものづくり
擦り合わせ型	• かんばん生産 乗用車，ハイブリッド車，燃料電池車 ➡トヨタ，ホンダ	• バッチ・受注生産 素材，電装品，ユニット（ジェットエンジン，タービン），バッテリー ➡東レ，ファナック
詰め合わせ型	• プラットフォーム生産 乗用車 ➡GM，フォルクスワーゲン	• 大型受注生産 商用車（バス，トラック），航空機，造船，鉄道車両，プラント，防衛産業，インフラ製造（リニア新幹線） ➡三菱重工業，現代重工業，日立，東芝，JR東海
組み合わせ型	• プッシュ順序生産 乗用車，電気自動車 ➡現代自動車，日産，フォード，テスラー	• ご用達・受託生産 SUV車両 ➡三菱自動車，スバル

（出所）藤本隆宏教授の設計思想説をもとに筆者作成。

　しかし，重工業ものづくりには宿命の課題がつきまとう。代金が
巨額で，納期が長期で，かつ寸法が大きいといったモノの性質から，
生産現場からトップマネジメントまでが考え方において，硬直的な
志向に陥り易くなる。こうした惰性をなくして成長を続けるには，
重厚長大型の事業から複合的な中核産業に生まれ変わるしか方法は
ない。

コラム3−2　トヨタのＴＮＧＡ戦略

　「2011年３月にトヨタグローバルビジョンを発表して以降，「もっといいクルマ」づくりに向けて体制を改革してきました。

　その新たな取り組みとして，大幅な商品力向上と原価低減を同時に達成するクルマづくりとして導入されたのがＴＮＧＡ（トヨタ・ニュー・グローバル・アーキテクチャー）です。

　具体的な取り組みとしては，これまで個別車種ごとに企画・開発をしてきましたが，ＴＮＧＡではクルマの「走る・曲がる・止まる」に関わる基本部分の競争力を世界トップレベルにまで引き上げたうえで，複数の車種を同時に企画するグルーピング開発などにより，部品やユニットを賢く共用化します。

　クルマづくりの設計思想（アーキテクチャー）に基づき，小型車から大型車までまたいだ共用化を進めることで生まれた開発余力を，お客様の好みに合わせた内外装や走りの味つけなど，地域ごとの最適化に重点的に投入し，「もっといいクルマ」づくりに結びつけていきます。」

（出所）トヨタのホームページより引用。

【ディスカッション】

［１］　擦り合わせ型ものづくりが適用可能な産業分野，あるいは製品を探してみよう。

［２］　重工業メーカーが，自動車ものづくりを採用した場合にはどのような変化が生じるであろうか。ディベートしてみよう。

［３］　自動車部品メーカーにおけるものづくりの特徴と課題について考えてみよう。

【参考文献】

李泰王「ものづくり設計思想の相乗効果の問題とＭＩＦ業際分業仮説」『愛知大学経済論集』第209号，2019年。

ジェームズ・Ｐ・ウォマックほか『リーン生産方式が，世界の自動車産業をこう変える』経済界，1990年。

橋本毅彦『「ものづくり」の科学史－世界を変えた《標準革命》－』講談社，2013年。

藤本隆宏『生産システムの進化論－トヨタ自動車にみる組織能力と創発プロセス－』有斐閣，1997年。

藤本隆宏ほか『ものづくり経営学－製造業をこえる生産思想－』光文社新書，2007年。

藤本隆宏・新宅純二郎・青島矢一編『日本のものづくりの底力』東洋経済新報社，2015年。

三島康雄ほか『第二次大戦と三菱財閥』日本経済新聞社，1987年。

三菱重工業株式会社史，1956年版。

― 第2部 ―

メイド・イン・コリア

　2014年，韓国の現代自動車グループは世界生産実績を798万台まで増強した。そのうち440万台を海外工場で生産するなどグローバル化に拍車をかけている。規模でみる世界順位では，ゼネラル・モーターズ（GM），フォルクスワーゲン，トヨタ，ルノー日産に次いで世界5位の自動車メーカーとなる。この驚異の競争力について様々な議論が広がっている。

　本章では，現代自動車が辿ってきた成長のプロセスを検証し，その戦略の実態を明らかにする。ヨーロッパで発祥した自動車ものづくりはアメリカで開花し，日本にわたって頂点に達している。現代自動車は，先進国以外で勃興して成功しつつある唯一のメーカーであり，いわば自動車ものづくり第4世代にあたる（図表4－1参照）。

　こうした現状を踏まえて，技術形成の過程，新しいものづくりへの挑戦，そしてグローバル展開の現場，とりわけインドでの実態をみてみたい。考察のポイントは以下の3つである。

- ●現代自動車の技術キャッチアップの過程について検証する。
- ●モジュール化生産の取組みとその有効性について分析する。
- ●インドにおけるスズキと現代自動車の販売戦略を紹介する。

　現代自動車の台頭は，世界自動車産業に大きなインパクトを与えると考えられる。まず1つ目に，後発のメーカーのキャッチアップにより既存の市場秩序の変化だけでなく，ものづくりに対する考え方そのものの変更も起こす可能性があるということである。2つ目に，今の新興諸国に対しては，学ぶべき模範として使われることができる外部経済効果の側面を持っていることである。

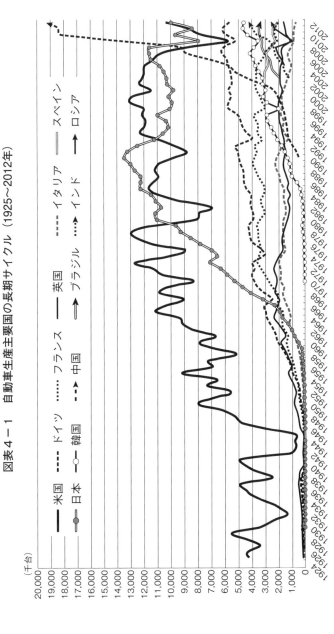

図表 4 − 1　自動車生産主要国の長期サイクル（1925〜2012年）

（注）1925〜2012年間の自国生産基準の長期サイクルである。
（出所）各種資料より筆者作成。

1　組織革新の偉人，鄭周永の経営方式

技術キャッチアップの軌跡

　現代自動車は1967年12月に誕生した。ゼロからの出発であった。当時日本では，東京オリンピックを成功裏に終え，1966年にトヨタが大衆車カローラを発売するなど，すでにモータリゼーションが起こっていた。

　会社設立5年ほど前の1962年に，韓国政府は第1次経済開発5カ年計画を施行した。同年4月と5月には自動車工業5カ年計画と自動車工業保護法が立て続けに制定・公布された。自動車と自動車部品の輸入禁止を含む自動車国産化が趣旨であった（図表4－2参照）。

　現代自動車は，政府の工業化政策に呼応しながら自動車と重工業の分野を並行して拡充し，いわゆる「第4世代工業化」（金泳鎬1988）の主役を演じることになった。

　創業者・鄭周永は，外資を呼び込むため，また技術提携先を取り次ごうと世界を駆け巡った。はたして切実な願いは叶った。重工業の名門三菱重工業が動いてくれた。1973年，現代自動車は三菱自工との間で歴史的な技術供与契約を締結した。これを機に，現代財閥と三菱グループ（三菱重工業，三菱商事，三菱自工）は絆を強めていった。

　現代自動車は，三菱自工の借用技術に頼りながら，着実にものづくりの基礎を学んでいった。しかし，三菱自工におんぶに抱っこの状態だけは避けたかった。鄭周永は途方もない事業計画を立てて超短期に突貫工事を敢行した。追い付け追い越せの一途な目標のもとでは他に術はなかった。こうしたカリスマ経営が確かに技術キャッチアップの原動力となっていた。

　韓国の自動車産業において，初めて海外の自動車製造技術が導入され

図表4－2　韓国自動車産業の主要政策・業界動向

年度	主要政策・業界動向	現代自動車関連
1962	自動車工業5カ年計画制定・公布（4月） 自動車工業保護法の制定・公布（5月） 自動車および自動車部品の輸入禁止	
1964	自動車工業総合育成計画発表。組立メーカーを新進自動車に集約。75部品メーカーの系列化	
1967	機械工業振興法制定（3月）	現代自動車設立（12月29日）
1972	重化学工業政策宣言（1月）	
1973	メーカー4社体制確立（10月）。現代，起亜，GMコリア，亜細亜	三菱自工との技術供与契約（9月20日） 現代造船重工業設立（12月28日）
1975	中小企業系列化促進法の制定。35部品を系列化	新工場竣工（年産10万台） 小型乗用車ポニー生産開始（12月～1982年12月）
1976		初輸出（南米エクアドル，ポニー5台）
1980	自動車工業統合措置。乗用車生産2社集約（現代，セハン）	
1981	自動車工業合理化措置（2月28日） 独占禁止法施行（4月）	
1985		エクセル専用工場竣工（年産30万台規模）
1986		北米輸出開始（ポニーエクセル1,050台）
1987	自動車工業合理化措置解除（1月） 車種選択の自由化 部品相互購買推進委員会設置（7月） メーカー5社体制	
1989	自動車工業合理化措置全面解除（7月）	カナダ工場建設（6月）
1994	自動車新規参入規制の解除。三星グループに許可（12月）	
1995	乗用車輸入関税の引下げ（1月） 10％→8％	
1998		設計・製造技術の自立（第3世代グランジャー開発）。インド工場生産開始

（出所）各種資料より筆者作成。

図表4－3　韓国自動車産業の技術等導入件数

期間	韓国合計	現代自動車	現代自動車系列	うち対三菱自工・三菱系列	契約内容等		その他
					対三菱自工	対三菱系列	
1966～1972	32	2	3	1		1970年（現代洋行）	1968年（英フォード，5年契約）
1973～1979	97	24	4	5	1973年（7年契約）1974年（5年契約，エンジン鋳造）1978年（5年および8年契約，トラック，バス）		
1980～1986	241	34	15	4	1981年（7年契約，前輪駆動乗用車）1983年（2年契約，荒井齊勇氏）		
1987～1993	483	32	35	4		1990年（現代精工）1991年（現代精工）1993年（ケピコ）	
合計	853	92	57	14	3件	11件	

（注）系列の現代洋行，マンド機械，現代電子産業，ケピコの設立は1962, 1968, 1983, 1987年である。表中の荒井齊勇氏は，本書第6章に登場する重要な人物である。

（出所）韓国自動車工業協会『自動車産業技術導入現況』1991年8月および1991～1993年版より筆者作成。

たのは1966年である。後に起亜自動車に買収された亜細亜自動車がフィアットから乗用車組立技術を導入した。自動車の保護政策が緩和され，育成策に転換した。1965年に調印された日韓基本条約を契機に経済交流が活発化したことも技術導入を促進させた要因であった。1970年代に

　入って，起亜自動車と後発の現代自動車は，自社モデルの開発に必要な製造技術を積極的に導入した。部品サプライヤーもこれに追随した。

　図表4－3に示したように，現代自動車の1993年までの技術導入件数は，系列会社分を含めて149件である。これは韓国合計の17.5％を占めていた。しかし，三菱自工およびその系列からの導入は14件に過ぎなかった。導入先の分散政策が図られていたからである。このような技術マネジメント戦略は後述する通り，以降の技術キャッチアップに決定的な効果をもたらすことになる。

　現代自動車は，1973年5月から三菱自工との間で技術供与・技術指導契約の交渉を進め，同年9月20日に7年満期契約が調印された。契約内容は省略するが，技術使用料には定額分と経常分（販売台数比例分）が含まれており，相当な対価支出となった。フォードとの部品輸入・組立の提携関係は三菱自工に切り替えられ，急ピッチで日本的ものづくりの学習と応用が展開された。

　1973年の技術提携体制に支えられ，1975年12月のトライアウトを経て1976年2月29日，初めての固有モデルである小型乗用車ポニー（Pony）が量産段階に入った。三菱自工の基幹部品の輸入に依存しながら，初歩的ではあったが次第に組立・加工技術の習熟度を高めていった。三菱自工からの技術指導も両社間の紐帯を一層強化させた。三菱自工社史には，1975年にトランスミッションの製造技術を伝授するために技術者25名が韓国に派遣されたと記されている。技術体系の移転が本格化した。

　1981年には，三菱グループの資本参加を受け，設計・設備・生産技術の包括的導入に関する7年満期契約を締結した。当時業界の主流であった前輪駆動の小型乗用車の開発に着手するためであった。ソウル・オリンピックが開催された1988年に，初めてのオートマチック・トランスミッション工場が完成した。大量生産の可能な基礎が出来上がり，現代

自動車は総合自動車メーカーとしての面貌を整えていった。

複線的な技術マネジメント戦略

　現代自動車は1973年の後輪駆動技術導入，1981年の前輪駆動技術導入，1990年の四輪駆動車パジェロの技術導入など，矢継ぎばやに三菱自工の設計・生産技術を移植して成果を上げていた。

　しかし，三菱自工にのみ依存することに起因する課題が浮上した。部品調達に関して三菱自工製の部品の輸入が増大するなか，三菱自工は先端技術の供与を拒み，日本での汎用技術だけを渡したのである。こうしたことに現代自動車の設計部隊は不満を募らせていた。しかし，技術的自立を達成するまでは，本音を表に出せずに我慢するしかなかった。

　その一方で，密かに技術自立路線を推し進めていた。1981〜1991年間におけるR&D（研究開発）投資の推移をみると（図表4−4），売上高に占めるR&Dの比率が，三菱自工頼みの組立生産段階であった1981年には1％程度にとどまっていたが，徐々に増え続けて1989年頃になると4％台まで到達した。実際，1984年11月15日ソウル近郊に麻北里研究所を開設し，自前の技術開発時代の幕開けを告げていた（現代自動車社史，629頁）。

　さて，2012年現在，現代自動車と起亜自動車のこの比率が2.7％と低

図表4−4　現代自動車のR&D（研究開発）投資の推移

年度	1981	1983	1985	1987	1989	1991
売上高（10億ウォン）	296.8	557.4	1,047.0	2,840.2	3,806.5	5,605.2
R&D投資（10億ウォン）	3.1	19.7	41.0	99.4	155.8	253.0
売上高に占めるR&D投資比率（%）	1.0	3.5	3.9	3.5	4.1	4.5

（資料）現代自動車社史1992年版，831，846頁。
（出所）李泰王1994，186頁より引用。

水準にとどまっている。ということから，1990年代までの技術キャッチアップ期と2000年代以降の生産能力拡充期の間に大きな経営戦略の転換があったことと推察される。

　現代自動車は当初，①三菱自工のシャシー・プラットフォーム，②イタリアの車両デザイン，③イギリスの生産技術（後に三菱自工に切り替える）を組み合わせるなど，三菱自工への依存を避けるための技術マネジメント戦略を採っていた（李忠九，57頁）。

　現代建設は，1969年1月より三菱重工業との合弁で造船所建設計画を進めていたが，当時通産省の反対意見や三菱重工業自身の反対によってこの計画を断念し，イギリス等欧州技術の導入に切り替えることになった。現代建設は1972年10月，蔚山造船所初代社長に造船所技術運営に30年の経験を持つデンマーク人，クルトJ.W.シャウ氏（Kurt Jow W. Schou）を迎えた（現代重工業史，344頁）。

　　「三菱重工業としては，その下請工場規模以上の造船所を韓国に建てることは想像さえできないことであった。しかも現代建設側の要求通りに，経営に関与しないという条件下の超大型造船所の建設に同意するはずがなかった。（中略）結果的に我国造船工業が独自に発展していける契機となった」（現代重工業史，128頁）。

　このように，1990年末になると念願だった技術自立の夢が実現し，国産技術による車両開発に成功した。また，1998年9月にはインド工場が稼働し海外展開が本格化した。

2 モジュール化生産への転換

韓国自動車部品産業の再編
　韓国の自動車部品産業は1990年代まで品質や技術の面で課題が山積し

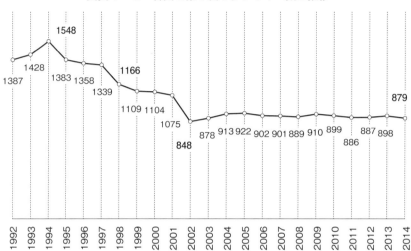

図表4－5　韓国の第1次サプライヤー数の推移

（注）同組合に加入している会員社基準である。
（出所）韓国自動車産業協同組合の資料より筆者作成。

ていた。これは，親メーカーの急成長に伴って自動車づくりに経験のない新規サプライヤーが大量に設立されたためであった。と同時に，品質査定・保証に関する独自の制度を確立していないという親メーカーの事情もその原因として挙げられる。また，こうしたサプライヤー関係を抜本的に見直し，懸案の品質問題をクリアしていったのも親メーカーであった。

　こうしたなか，韓国の部品サプライヤーは，親メーカー側の移り変わりに影響を受けながら現在の安定期に入っている。以下では，第1次サプライヤーの数的変化からサプライヤー関係の変化を捉えてみたい。

　1994年に，三星財閥（サムスン電子グループ）が自動車産業に参入し，取引先の取次ぎに乗り出した。現代自動車や起亜自動車がこれに反発するなど，サプライヤーの横取りに警戒の声が上がっていた。主要部品は

提携先の日産自動車から輸入し，その他の部品は国内で調達したため，三星財閥の参入による業界再編は起こらなかった。その一方で，サプライヤーの数は少し増えていた。

　1998年以降は，アジア金融危機の発生と構造改革の政治的圧力によりサプライヤーの再編・淘汰が始まった。起亜自動車や大宇自動車などが相次いで倒産に追い込まれた。起亜自動車を買収した現代自動車は，総合自動車部品メーカー「現代モビス」（Hyundai MOBIS）を設立した。現代モビスは，サプライヤーを仕分けてまとめる主役に打って出た。

　2002年頃から，現代モビスは自動車のものづくりを一変させる大実験に着手した。モジュール化生産を通じて第1次サプライヤーを集約した。この結果，品質の向上とクラスター型のサプライチェーンを構築した。J.D.パワーなど調査機関の好評を博しながら世界の注目を集めた。

　2011年に，サプライヤー関係にきわめて重要な取決めが交わされた。現代自動車グループが関連サプライヤー1,585社との間で「2011同伴成長協約」を調印し共存共栄および部品取引の公正さを約束した（2011年3月9日）。そこでは下請取引における優越的な地位の濫用を是正することを公約に掲げていた。これは，よりオープンな取引形態，たとえばグローバル・アウトソーシングの拡大を予感させる出来事であった。

　図表4−5の集計では（1994年の1,548社），第2次以下のサプライヤーの動向が把握できない。先に述べたように，サプライヤー総数においては（2011年，1,585社）目立った変化が発見できず，このことから第1次サプライヤーに対する整理統合が相当行われてきたことが推測できる。

ジャストインシークエンス（ＪＩＳ）納入とは

　現代自動車のモジュール化生産に先鞭をつけたのは，現代モビスの前

身である現代精工であった。1977年に創立された現代精工はSUV車両組立や，専用工作機械・コックピットモジュールなどの製作を手掛けていた。おりしも，当時の鄭夢九社長がグループ会長に就任すると，当社の存在感が増していき，各社の部品サービス機能を現代モビスに集約し一元化するようになった。

　こうした購買政策の転換によって，個別に供給されていた補修部品が純正ブランド「ＭＯＢＩＳ」に統一され，市場に出荷されることになった。引き続き，モジュール化生産に本格進出したため，サプライヤーによる親メーカー組立ラインへの直接納入が大幅に減らされ，その分が現代モビスへの納入に変更されたのである。したがって，第１次サプライヤーが第２次サプライヤーに格下げされるケースや，第１次と第２次の区分が曖昧なケースも現れた。

　さて，部品納入のかたち次第でものづくりが画期的に進歩した先例は，トヨタのかんばん方式の確立でみることができる。しかし近年，ＧＭやトヨタの予期せぬ挫折に触発されて，躍進する現代自動車の成長要因を探る議論が浮上している。現代モビスが中心となって推進している「ジャストインシークエンス」（ＪＩＳ：Just in Sequence）納入がトヨタのかんばん方式，つまりＪＩＴ（ジャストインタイム）に比肩できる対案になるかどうか，今後の推移が注目される。

　現代自動車のアサン工場での聞き取り調査（2011年８月17日）によると，ＪＩＳ方式とは，「正確な時点に，正確な順序で，モジュール部品を正確に組立ラインに投入することにより，リードタイムの短縮とコスト削減を同時に達成できる」システムとして定義していた。

　現代自動車のＪＩＳ納入方式は，ＪＩＴ方式とモジュール納入を結び付けたかたちをしている。ただ一瞥すると，ＪＩＳはＪＩＴ方式と区別が付かないのが事実である。

図表4－6　ジャストインシークエンス納入

	ジャストインタイム Just In Time	ジャストインシークエンス Just In Sequence
目的	徹底したムダ排除	徹底した品質管理
手段	かんばん	かんばんプラス組立前品質診断
サプライチェーン	ピラミッド構造	クラスター構造
特徴	・在庫を持たないものづくり ・煩雑な納入手続き	・不良品を出さないものづくり ・第2次以下サプライヤーの弱体化
開始時期	1965年頃より外注展開	2002年頃より全面展開

（出所）筆者作成。

写真4－1　現代モビス製の主要モジュール

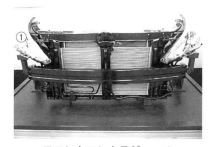

フロントエントモジュール

コックピットモジュール

フロントシャシーモジュール

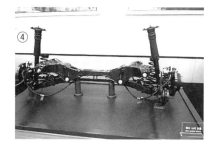

リヤシャシーモジュール

（出所）現代自動車アサン工場，2011年8月17日，筆者撮影。

今まで判明したJITとの違いを明らかにする必要があるため，以下では，その概要について敷衍しておきたい（図表4－6参照）。

JIS導入の目的

品質の確保が最優先課題であった。アウトソーシングやラインを簡素化したり，平準化が困難なライン工程を外注化する。フロントエンド，前・後アクスルシャシー，コックピットなどの工程がモジュール化生産に移管された。かんばん方式が部品在庫のムダをなくすために工夫・採用されたのに対して，現代モビスのJIS方式は組立不具合や不良部品をメインラインから排除するために採用されたものである。

現場参加の程度

雇用の柔軟性を土台としている。シンプルなライン構成と雇用形態の多様化（非正規雇用など）を同時に達成できるシステムであり，現場で必要とされる人員は最小限となる。その代わりに，システムの改廃やそれに伴う改定マニュアルの習熟のみが徹底化されるため，現場改善の煩雑さが軽減されることになる。

サプライチェーンのかたち

従来の長期的なサプライヤー関係を見直し，協力と競争のルールを確立した。モジュール・クラスターを形成し，ピラミッド構造を立て直すことにした。現代モビスを頂点とするサプライチェーンの構築は，現代自動車グループの系列各社を統合する機能を併せ持つことになっている。

3　現代自動車のインド現地化経営

現代自動車のインド進出

現代自動車は，韓国がOECD（経済協力開発機構）に加盟した年と時を同じくして1996年5月にインド進出を決定していた。生産拠点は，

インド東南部ベンガル湾に面したタミル・ナードゥ（Tamil Nadu）州の州都チェンナイ付近に立地している。ここは，トヨタの現地工場があるバンガロール（Bangalore）を経由してムンバイにいたる1,400キロメートルのハイウェイの起点部にあたる。

　1996年12月に着工してから1年8カ月経った1998年9月に，10万台生産規模の工場が完成した。そして，スズキの現地ブランド，マルティ・スズキの800cc級軽四輪車に対抗させるべく，1,000cc級の軽四輪車サントロ（Santro）を発売した。

　筆者は，第1次インド自動車産業調査（チェンナイ工場，2005年8月）に続き，2014年3月に第2次インド自動車産業調査を実施した。第2次調査の目的は，現地工場の着工から20年近く経った時点で，インド

図表4－7　主要メーカーのインドでの立地（2015年現在）

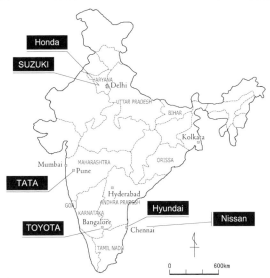

（出所）筆者作成。

85

写真4－2　現代自動車インド工場

（出所）2005年8月31日，筆者撮影。

の自動車市場がどのように変化しているか，その動向を捉えるためで
あった。

　調査は首都のニューデリーに展開する現代自動車の販売拠点とスズキ
のディーラー店を対象にして行い，以下にその結果を簡略にまとめてお
きたい。

現代自動車ニューデリー直営店

　ソウルの現代自動車本社のアポを取り付け，ニューデリー所在のヒュ
ンデ・モーター・インディア（HMI）営業本部を訪ねた。2014年3月
3日（日）に，本部が直営している大掛かりな販売拠点を取材した。
　①　インド市場は東・西・南・北・中部の5つの地域と15のテリト
　　　リーに分けて管理されている。なかでも中部は，ニューデリー，
　　　ウッタルプラデシュ（Uttar Pradesh）州を範囲としている。

図表4－8　現地人スタッフが考える現代自動車ブランドの強さ

A氏	B氏	C氏
● 品質 ● 価格 ● 洗練されたデザインと技術力 ● 最新モデル ● A/Sサービス・ネットワーク	● 販売時のサービス ● 製品 ● 最新モデル ● 信頼とA/Sサービス ● 残存価格（中古）	● 値打ちがある。どの価格帯にもピッタリなモデルを提供できる。 ● 最新技術を搭載している。市場で，現代自動車の高い技術力が証明されている。 ● 最新モデルを採用している。

（注）駐在員ゼネラルマネジャーの了承のうえで実施した質問に対する答である（英語文の和訳）。

②　販売店の構成としては，31カ所の「３Ｓ店」（新車販売，パーツセール，アフターサービスの３機能を持つ形態）と，９カ所の「１Ｓ店」（新車販売機能のみの形態）を展開している。地域別の販売動向をみると，比較的低所得地帯にあたる南部では小型車（ＥＯＮ，Santro）を中心に売れている。商業で栄えたムンバイ周辺では比較的大型の車が売れる反面，中部はその中間程度の価格帯の市場が形成されている。

③　マーケティングのターゲットは，当面は都市部の中高所得層であるが，農村部が70％程度を占めているインドの現状を踏まえて，今後は農村地帯を想定せざるを得ない状況という。

筆者は直営店の幹部やセールスマンを交えたミーティングで現地人スタッフに「ヒュンデ・モーター・インディアの競争力の源泉は何だと思いますか。箇条書きで答えてください」という質問を突発的に投げかけた。

　アンケートに答えてくれた3名の構成はマネージャー，チームリーダー，セールス・エグゼクティブの各1名で，皆販売の第一線で活躍している。現地法人の見解や現地人スタッフの意見をまとめると，ヒュンデ・モーター・インディアの競争力の源泉は次のように要約できる。

- ●パワフルなエンジン性能（日系ブランドが燃費を売りにしている）
- ●廉価なアフターサービス部品（劣悪な道路事情に適合している）
- ●現代自動車の技術力（韓国での投入車両と同じ車両が投入される）
- ●充実したサービス・ネットワーク

　ここから，ヒュンデ・モーター・インディアのセールスポイントは，第一に価格パフォーマンスにあり，第二に高品質であることが判明した。最大のライバルであるスズキの実態と比べれば，こうした事実が明らかになるであろう。

スズキの販売店では

　インドの自動車産業は1980年代初頭まで輸入車に頼っていた。1982年10月に，スズキは，国民車構想に基づいて1977年に設立された国営企業（Maruti Udyog）との合弁でマルティ・スズキを設立した。

　軽四輪車のアルト（Alto）の生産と販売が急激に拡大し「マルティ革命」が巻き起こった。以来，スズキのブランドは，長い間高い知名度を維持していた。しかし，1991年に始まった経済改革・自由化路線への政策転換により，他の外国メーカーの直接投資が認められ，現代自動車を筆頭とする後発メーカーの攻勢を受けるようになった。マルティ・スズキのマーケット・シェアは，初期の80％超から最近では50％を切る状態まで下がっている。

　さて，筆者は，2014年3月3日に，ニューデリー所在のディーラー会社サウニー・モーターズ（T.R.SAWHNEY MOTORS Pvt. Ltd.）の

写真4－3　マルティ・スズキのショールーム

（出所）2014年3月3日，筆者撮影。

ショールームに対する聞き取り調査を実施した。

　この会社は，ショールーム4カ所，サービス工場3カ所，中古車店2カ所の体制でスズキ・ブランド15車種を年間約2,000台販売している。従業員数約2,000人の中堅企業である。

　そのなかの1つのショールームに飛び込み取材を依頼し，快く受け入れてもらった（2009年11月オープン）。販売スタッフは総勢45名であった（店長1名，マネージャー3名，チームリーダー8名，販売員33名。うち，女子社員15名）。

　取扱車種は15だが，路地の入り口のところに立地している関係で通常は2台しか展示できない小さい店構え（1S店）となっていた。当番をしていた勤続年数3年半のスタッフと面談が成立した。この店が初めての職場という彼は上司と携帯電話で確認を取りながら取材に応じた。スズキ・ブランドおよびインド市場の特性について聞いてみた。その記録の一部を紹介したい。

　まず，スズキ・ブランドの特徴についてである。投入車種が現地名で M800，Gypsy，Alto，Wagon-Rの順に推移している。これは中産階層の増加に合わせて車種性能・機能の向上が図られていることを表している。

　顧客がスズキ・ブランドを好む理由としては，①メンテナンスの容易さ，②サービス・ネットワークの充実，③セールスマンの豊富な知識，④広告の多さ，⑤「インディアン・ブランド」のイメージが定着していること，などが挙げられた。

　今後の市場動向については，2014年現在インドの家庭の30％しか車を所有していないが，市場の拡大が予想され，残り70％の家庭の潜在的需要に注目しているという。

インド自動車市場のトレンド

　それでは，インドの自動車市場ならびに経済全般の状況について総括しておきたい。

　製造業の伝統は古く，自動車産業では1920年代から現地組立が行われた。しかし，二輪車市場が飛びぬけて大きいことから分かるように，他の新興国と比べて所得の上昇が鈍いため，モータリゼーションのスピードが遅くなっている。

　一説によれば，ものづくりの発展より，むしろIT関連産業の方が先に進んでいったことが大きな要因だと指摘されている。またインフラ整備の遅れが大きな問題となっている。さらに産業発展を妨げる要因の1つに，中央政府や地方政府での行政手続きが複雑であることをあげることができる。たとえば，政治的配慮から消費財市場に対する外国直接投資の受入れを制限し，零細な在来小売業の保護と伝統的分野の雇用維持に力を入れることもある。

図表4－9　インド自動車市場の規模

	販売台数	売上高比率(％)	上位5社のマーケット・シェア(％)
乗用車	2,686,429	51	Maruti Suzuki(39), Hyundai Motor(14), Tata Motors(12), Mahindra & Mahindra (12), Toyota Kirloskar(6)
商用車	793,150	23	Tata Motors(56), Mahindra & Mahindra (18), Ashok leyland(13), VE CVs-Eicher (6), Force Motors(3)
二輪車	13,797,748	24	Hero MotoCorp(43), HMSI(19), Bajaj Auto (18), TVS Motor(13), Suzuki Motorcycle (3)
三輪車	538,291	2	Bajaj Auto(42), Piaggio Vehicles(34), Mahindra & Mahindra(12), Atul Auto(6), Scooters India(3)
計	17,815,618	100％	

（注）2013年3月期基準である。

（出所）株式会社フォーイン主催「アジア自動車産業フォーラム」（2013年11月8日 名古屋）講演資料，107頁より引用。

写真4－4　スズキの大型ショールーム

（出所）2014年3月4日，筆者撮影。

　最後に，インド人の消費嗜好についてまとめておこう。

　インドでは正確な製品情報が行き届かない地域，階層，特殊なコミュニティが存在している。近年，テレビや携帯電話の普及により，口コミに依存するという社会構造から徐々に脱皮しつつある。また，品質にこだわらず修理の容易さばかりを求めていた嗜好から品質重視へと変わってきている。しかしながら，誇大広告が多くなり，逆にこれが製品選びを混乱させかねないという新しい問題も浮上している。

4 むすび

　本章では，20世紀最後のグローバル自動車メーカー，いわば自動車ものづくり第4世代，現代自動車の成長戦略の骨格について検討した。

- ●ゼロからの出発には果敢な挑戦と投資が不可欠だが，その中心には傑出した創業者が存在していた。
- ●鄭周永会長の不屈の精神が今の現代自動車を生み出した。現代自動車は，自動車づくりのフォロワーとして真面目に，かつ巧みに技術の学習・蓄積に挑んだ。三菱自工の手助けが至大であった。
- ●飛躍段階の現代自動車は，従来とは違ったものづくり戦略を駆使した。独自のモジュール化生産方式を採用することによって，フレキシブルな生産体制を構築することができた。
- ●現代自動車にとってインド市場進出は，自動車メーカーとしての自信と可能性を確認する重要な材料となった。また，先進国市場に進出するための大掛かりな実験でもあった。これを皮切りにグローバル事業が軌道に乗ったのである。

　筆者は，2005年に現代自動車インド工場を対象にして，初めてのインド調査を実施した。世界最強のものづくり企業集団トヨタの生産方式と

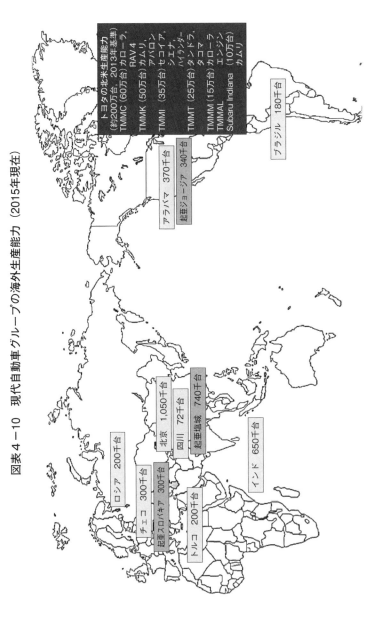

図表４－10　現代自動車グループの海外生産能力（2015年現在）

トヨタの北米生産能力
（約200万台，2013年基準）
TMMC（60万台）カローラ，
RAV4
TMMK（50万台）カムリ，
アバロン
TMMI（35万台）セコイア，
シエナ，
ハイランダー
TMMT（25万台）タンドラ，
タコマ
TMMM（15万台）カローラ
TMMAL　　　エンジン
Subaru Indiana （10万台）
カムリ

ブラジル　180千台

アラバマ　370千台
起亜ジョージア　340千台

ロシア　200千台
チェコ　300千台
起亜スロバキア　300千台
トルコ　200千台
北京　1,050千台
四川　72千台
起亜塩城　740千台
インド　650千台

（出所）　韓国自動車産業協会の資料およびトヨタのホームページより筆者作成。

比べて，現代自動車のものづくりが新興国でどのように移転されたかを考察するためであった。

　当時，インド社会に適合可能な生産システムは先進国からそのまま持ち込まれたものであってはならない，という結論を出していた。ちょうど同じ頃，インドのタタ財閥が韓国の大宇自動車トラック部門を買収し，韓国現地生産を始めようとしていた。タタ大宇への聞き取り調査によると（2006年9月12日実施，韓国群山市），韓国社会に合った経営が必要だという見解が示された。これは興味深い発見であった。

　この章で盛り込んだインド自動車に関する内容は，2014年3月に実施した聞き取り調査に依拠している。乗用車市場のツートップであるマルティ・スズキと現代自動車の販売店から市場動向を聞いた。インド経済，そしてインド自動車市場は，巨象のようにゆっくり歩きだしている。

　もう1つの経済大国インドの動きから目が離せない。

コラム4－1　消え去った「400万台クラブ」神話

　一昔前，自動車関連の業界や学会では「400万台クラブ」説がはやった。年産400万台程度の生産能力を持たない自動車メーカーは淘汰されるという説である。

　この数値が引き合いに出された背景には，アメリカ自動車産業を追い越したい願望があった。したがって，誰もが「400万台クラブ」を合言葉のように謳っていたのである。

　ここ数年では，「400万台クラブ」神話は幻となった。クロスボーダー投資の時代が「400万台クラブ」神話を駆逐してしまったのである。

　では，世界生産400万台規模を達成しているメーカーはどれくらい

あるだろうか。2012年データでみると，トヨタ，ＧＭ，フォルクスワーゲン，ルノー日産，現代自動車，フォード，ホンダの7社である。国内生産分を基準にして，これをクリアできたメーカーは2002年までのＧＭと1990年頃のトヨタの2社だけである。

コラム4－2　現代自動車の海外進出戦略

　1960年代以降アメリカ企業を中心に国際ビジネス活動が広がり，それに伴う直接投資，調達，販売，人的資源管理，研究開発（R＆D）など多岐にわたる戦略的課題が浮上した。こうした課題に能動的に対応できる企業を多国籍企業と呼ぶことにしていた。

　70年代から80年代に至っては，日本の企業が現地生産・販売を手掛けて多国籍企業化ラッシュをなしていた。ところが，日系現地子会社の国内親会社が必ずしも大手企業ばかりではなく中堅・中小企業であるケースが増えてきた。そこで，多国籍企業の定義が少しず

写真4－5　起亜自動車の米ジョージア工場全景。円内は隣接した
　　　　　現代モビス工場（2013年10月，筆者撮影）

つ変わり，それに取って代わったのがグローバル化という捉え方である。

　以上を踏まえて，現代自動車のグローバル化のスタンスをみていきたい。現代自動車は2000年初頭に，2010年をめどに「1-2-3グローバル供給戦略」と名付けられたグローバル戦略を策定した。

　世界販売を600万台とし，その内訳で国内市場100万台，輸出200万台，海外現地生産・販売300万台を内容とし，①海外の現地工場は年産30万台規模を基本モデルとする，②グリーンフィールド・アプローチ（Greenfield Approach）を推進する，という方針を固めていた。実際，2010年に現代自動車グループ（起亜自動車を含む）の世界新車販売は597万台を記録し，当初の目標をほぼ達成した。

　以降，海外生産の比率は増え続け，現在は55%まで拡大している。

【ディスカッション】

［1］　技術キャッチアップを成功させるために必要とされる経営者の資質は何であろうか。考えてみよう。

［2］　トヨタ自動車の強みである，ジャストインタイム（JIT）方式の仕組みを簡単に説明してみよう。

［3］　インドの自動車市場において，スズキと現代自動車の販売が堅調な理由について説明してみよう。

【参考文献】

李忠九「韓国の自動車技術No.4」『Auto Journal』9月号，韓国自動車工学会，
　2009年（韓国語）。

李泰王「韓国自動車産業と蓄積体制の研究－現代自動車の生産システムと組
　織構造－」大阪市立大学大学院経済学研究科博士学位請求論文，1994年度。

金泳鎬『東アジア工業化と世界資本主義－第4世代工業化論－』東洋経済新
　報社，1988年。

塩地洋ほか『現代自動車の成長戦略』日刊自動車新聞社，2012年。

中岡哲郎編『技術形成の国際比較－工業化の社会的能力－』筑摩書房，1990
　年。

現代建設60年史（1947〜2007），2008年。

現代自動車史，1992年版。

現代重工業史，1992年版。

第5章 メイド・イン・コリアの危機

　本章では，前の章に続き現代自動車の課題について検討する。

　まず，アジア金融危機と業界の再編についてみてみる。韓国経済は1997年末に金融危機に陥り，その処理のための構造改革を経験した。財閥が問題の元凶だと吊るし上げられ，解体の対象となっていた。その後，財閥経営がどのように変わったのか，三星財閥の事例を取り上げ，韓国の経済モデルの現状を紹介しておきたい。

　次は，金融危機発生直後に着手され，2000年に開始した現代自動車の日本市場進出の実態を明らかにする。日本全国十数カ所のディーラー店の聞き取り調査の結果を踏まえて，なぜディーラー店展開に失敗したのか，その原因を探る。

　また，乗用車販売事業から撤退したのとほぼ同時期に，大型観光バス事業を日本で開始している。この点についても取材に基づいて今後を展望する。

　最後に，韓国では今，輸入車の需要が爆発的に増加し，市場シェア70％超を維持してきた現代自動車グループの内需基盤が揺れている。こうした状況で現代自動車はどのような対応をしているのか，本質的な視点から検討を行う。

　大企業組織における機能の複雑化，労働組合のモラルハザード，将来ビジョンの迷走など山積した課題に対して筆者なりの処方箋を出しておきたい。

1　アジア金融危機と韓国経済

過剰投資と金融危機

　1996年，韓国はアジアの国では2番目にOECD（経済協力開発機構）に加盟し，先進国経済圏の仲間入りを果たし祝賀ムードに包まれていた。しかし，翌年末にタイ発のアジア金融危機に襲われ国家の運営がどん底まで崩落した。短期の投機性資金が金融市場から一気に引き上げられドルの準備が底をついた。

　国際通貨基金（IMF）の救済融資を仰ぎ起死回生を図る始末となった。IMFからは金融，企業，労働，公共など4大部門に対する抜本的な改革が要請された。危機発生から3年余り，2001年8月23日に韓国は195億ドルの借金を完済しIMF管理体制から解放された。

　この間産業界は淘汰と再編で大きく揺れ動いた。急速な工業化過程において政治と経済との癒着が深まるなかで，韓国の大企業は間接金融を利用し借金頼みの経営に終始した。財閥の膨張過程には巨額の資金が注ぎ込まれ，融資システムの攪乱で一気に借金地獄に陥る，という結末であった。金融危機以降，多くの企業が倒産または強制合併に追い込まれた。

- 市中銀行は，39行から19行に集約された
- 借金まみれの新興財閥大宇は，解体され切り売りに出された
- 起亜自動車と韓宝鉄鋼は，現代自動車に譲渡された
- 三星財閥は，新規に参入したばかりの自動車事業から撤退した

　韓宝鉄鋼は後に現代製鉄と改称され「現代自動車・現代製鉄・現代建設」でなる現代自動車ならではの三大支柱会社の一角となる。これら3業態の統合は，痛みを伴った構造改革が一体何であったかを問われる素

地を残した。この点については第6章で詳細に分析する。

　他方，三星財閥の場合は，過剰・重複投資にあたるとの理由で乗用車部門はルノーに売却し，商用車部門は清算された（コラム5－1参照）。当時，三星財閥秘書室では起亜自動車の買収を前提に周到な作戦を練っていたが，結局，金大中政権の財閥解体方針に承伏することになった。

韓国財閥の変貌（サムスン電子グループ）

　韓国最大級財閥，サムスン電子グループの変化についてみてみよう。

　考察のポイントは，異業態の企業を網羅した財閥の経営がどのように成り立ったのか，その秘密を探ることにある。

　金融危機発生当時の三星財閥は，図表5－1で示す通り，創業から2世代にして一挙に大財閥にまで成長した。

図表5－1　三星財閥の変遷

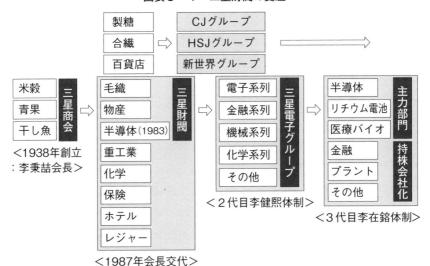

（出所）筆者作成。

［主な事業］

● 電子系列（電子，電池，電機など）

● 金融系列（生命保険，火災保険，証券など）

● 機械系列（重工業など）

● 卸売等系列（物産，建設など）

● サービス系列（新羅ホテル，エバーランド，球団など）

1993年6月7日，この時点から三星財閥は生まれ変わった。2代目李建熙会長が「第2創業」を宣言し，「新経営」と名づけた意識改革運動を展開した。従前の「画一的・守備的・模倣的な」企業体質を「柔軟で・挑戦的・創造的な」考え方に変えようと陣頭指揮を執り始めた。

創始者の李秉喆会長（1910生まれ〜1987年没）は，「事業報国」，「人材第一」，「合理追求」をモットーに食料・繊維・家電など軽工業や金融を中心に事業領域を確立し飛躍の土台をつくった。

2代目李建熙会長（1942年生まれ〜2020年没）は，創業者の信念を引き継ぎながら，事業分野をさらに進化させた。1994年に「名品ＴＶ」ブランドでソニーに挑戦状を出したり，2007年には，携帯電話端末大手のモトローラを抑え世界第2位に躍り出たりという成果を上げた。2012年に，ギャラクシーを投入しNokia（ノキア）の牙城を崩し世界ナンバーワンとなった。他にも，メモリー半導体，薄型テレビ，リチウム二次電池，有機発光ダイオードなどで世界トップクラスのシェアと製品信頼性を確保している。

2022年10月，李在鎔副会長（1968年生まれ）がサムスン電子の3代目会長・グループ総帥に就任した。半導体部門を主力とするグループの経営に社運を賭けている。

サムスン電子グループは，財閥総帥のトップダウンにエリート集団がぴったりフォローする企業文化で知られている。この点が，現代自動車

グループのカリスマ・リーダーシップとは異なっているところである。

　しかし，サムスン電子グループに対する社会の視線はそれほど好意的とはいえない。韓国経済が基本的に財閥集団が主導する産業構造となっているからである。1997年のアジア金融危機の際に，戦後日本における徹底的な財閥解体のような改革が失敗に終わったうえに，時の政権は財閥を抑えてまでは経済民主化を進めようとしてこなかった。

　確かに改革のタイミングを逃したと考えられる。財閥の課題はすべて，当該財閥の総帥をはじめとするトップマネジメントの知恵と力量にかかっている。しかし近年，政界（政治家）と産業界（財閥総帥）との間で成長インセンティブの共有関係が再び強固となっている。こうした工業化の負の遺産が財閥解体を遅らせる要因になっている（李泰王2004，123頁）。

2　現代自動車の日本市場進出・撤退の教訓

なぜ，日本市場に進出したか

　現代自動車は2000年に日本市場に進出した。翌年に1,000台を超える販売実績を上げ，また2002年のサッカーワールドカップ日韓共催のとき以来4年間，毎年2,000台以上の実績を上げ続けた。韓国ブームがしばらく続くだろうと，また現代自動車の認知度も上がるだろうと，日本市場での拡販に期待を寄せていた。

　しかし，日本の顧客の細かな消費嗜好に合わせることができなかった。こうした状況に追い打ちをかけたのが2008年に発生した世界同時的金融危機であった。この影響で，日本の自動車市場が急激に収縮し，2008年の現代自動車の販売実績は501台にとどまった。野心的な日本上陸作戦は，虚しくも2010年の市場撤退で終わった。

　そこで筆者はディーラー店の調査に回った。2008年の金融危機以降の現代自動車販売店の実態を捉えるために，「ヒュンデ大阪」店を取材した（2009年1月29日）。大阪府下にあったディーラー2社のうち，大阪北部をテリトリーとする会社がディーラー販売権を返上した。ガソリンスタンドなどを経営する地元資本が，2008年5月に販売店を新規に開設していた。

　現代自動車ブランドのイメージについて，①安かったら買うよ，といった偏見が未だにあること，②日本人は外国製品に対して品質面で信頼しないが，ただドイツ車に対しては劣等感をもっているということ，③現代自動車のブランド特性が曖昧である，という指摘があった。

　現代自動車の日本ディーラーは撤退と新規参入を繰り返しながら，2009年4月時点で，都道府県ごとに各1カ所のディーラー店を置くという編成に縮小していた。

　図表5－2と図表5－3を合わせてみると，2003年に，56のディーラー店が年間2,426台を販売し，ディーラー当たり年間平均43.3台を売っていた。2009年になると，ディーラー当たり年間20.6台に減っていた。月間販売台数は3.6台から1.7台にまで減ったのである。

　これはディーラー各社が，現代自動車ブランドを取り扱うに当たり，当初からビジョンも意欲も持っていなかったことを如実に表している。

　北海道所在のディーラー店以外は皆「損さえしなかったらいいさ」と口をそろえていたことが思い出される。

　現代自動車の日本市場進出は，無謀な計画によって失敗したと考えられる。つまり，販売チャンネルの構築に失敗したことと三菱自工などのコネに頼ろうとした市場分析の甘さがそもそもの問題点であった。

図表5-2　日本の輸入乗用車市場

年	輸入乗用車計（台）	現代自動車（台）	現代自動車の比率（％）
2001	268,560	1,113	0.41
2002	272,994	2,423	0.89
2003	275,194	2,426	0.88
2004	269,198	2,524	0.94
2005	264,729	2,295	0.87
2006	259,562	1,651	0.64
2007	262,996	1,223	0.47
2008	206,278	501	0.24
2009	167,889	967	0.58
2010	213,283	118	0.06
2011	260,707	32	0.01

（出所）『日本の輸入車市場』日本自動車輸入組合（http://jaia-jp.org）より筆者作成。

図表5-3　日本の現代自動車ディーラーの変化

ブロック		2003年9月	2009年4月	増減	（新規）	（撤退）
北海道		2	1	▲1	0	1
東北		3	5	2	2	0
関東		16	13	▲3	3	6
	東京都	3	2		1	2
	横浜市	1	1		1	1
東海		7	6	▲1	2	3
	名古屋市	3	1		1	3
信越・北陸		5	3	▲2	0	2
近畿		7	9	2	5	3
	大阪府	2	2		1	1
中国・四国		9	7	▲2	2	4
九州・沖縄		7	3	▲4	2	6
	沖縄県	1	2		1	0
合計		56	47	▲9	16	25

（注）▲はマイナス。2003年の数値には，直営店2カ所が含まれる。
（出所）ヒュンデ・モーター・ジャパンのホームページより筆者作成。

販売チャンネル構築は容易でない

　現代自動車が日本市場進出を決めた頃，日本の自動車販売チャンネルはトヨタ系の5チャンネル（トヨタ店，トヨペット店，カローラ店，ネッツ店，レクサス店）を除けば崩壊同然の状態であった。何を根拠に事業計画を立て，どこの協力を得て投資を敢行したのか，疑問符が付くところである。

　この指摘は結果論や運で片付けられるものではない。日本の産業の系列化は，生産と販売の両サイドで推し進められてきて，外部からの浸透が事実上不可能な鉄の城になっている。

　このことが貿易摩擦の火種になった。具体的な事例として日米自動車交渉で槍玉に上げられたのも日本中に張り巡らされている販売チャンネルの壁であった。日本でのディーラー店経営の厳しい現実については，すでに第2章で分析している。

　一方，三菱自工は2003年に，他社と同様に販売低迷を受け，「ギャラン店」と「カープラザ店」の2チャンネルを一本化し，販売店の整理を進めた。日産は，2004年に全車種を併売化して事実上チャンネルの一本化に踏み切った。こうした販売チャンネルの統廃合が最も早かったのはマツダで，1996年に既存の5チャンネルを一本化した。

　現代自動車が契約していたディーラー会社は，三菱自工系，地元の二級店（併売店，中古店），自動車整備工場やガソリンスタンドなどに関連した事業者で構成されていた。要するに，彼らはまともに自動車の販売をしたことがなかったのである。

　筆者の聞き取り調査（2003～2004年間，九州から北海道まで12カ所のディーラー店，現代自動車直営店）においても，ベンチャー企業のようなチャレンジ精神に富んだ販売店は，ほとんど見当たらなかった（李2004，第8章を参照）。

　現代自動車は在日韓国・朝鮮人の故国への思いに商機ありと判断したという噂があった。だが，彼らは敢えてメイド・イン・コリアのクルマを選ばなかった。品質の低さという理由に加えて，出自が知られたくないという理由もあったという。

　いずれにしても，現代自動車の日本市場進出は失敗した。しかし，この事態は現代自動車の命運を分ける分水嶺になってきているし，この点を経営中枢で把握しておかねばならない。トヨタを乗り越えなければ，永遠に日本市場で勝てなくなるからである。

大型バス市場へのチャレンジ

　ところが，現代自動車は，乗用車の日本市場進出の夢を諦めた2009年より大型バス事業を始めていた。一般の消費者を相手にしなくてもすむ，フリート業者を顧客とするビジネスモデルに着手した。

　2015年1月9日，筆者はヒュンデ・モーター・ジャパンへの取材を申し入れ，聞き取りを行った。狙いは，自動車ものづくりと重工業ものづくりの違いを販売の第一線で確認してみることである。

　2009年に大型観光バス市場に初進出し，2014年の70台を含めて累計357台の販売実績となっていた。直近の年間シェアは，2,000台規模の市場で3.6％を占めていた。東南アジアなど外国人観光客が殺到するなか，円安ブームによる商機を期待していた。

　バス業者たちは，①普通5年間リース購入，②残存価格の保障，③車両稼働率に対する手当，などを要求している。新技術の搭載はもとより，「代金ファイナンス・中古下取り・サービスネットワーク」を用意しておく必要があった。

　こうした顧客ニーズに対して，現代自動車の悩みは膨らむばかりである。①大型バスの海外販売の経験がないことでイニシャルアクセスに苦

労していること，②塗装処理にうるさい業者との付き合いに不慣れであること，③サービスネットワーク構築など各種手当に対応しきれていないこと，④日本の車両規格が異なること（重量40トン，搭乗者体重55kg。韓国は65kg），などいろいろ挙げられた。

このところ，日本での大型観光バス事業がどうなるか，予断は許さない。円安ウォン高の為替では採算が取れていないからである。

結局，「重工業ものづくりは自動車ものづくりとは異なる」という仮説に照らし合わせると，問題は，商用車部門を抱える現代自動車の事業構成にある。7万台規模の韓国のバス市場では，ランニングコストを賄うことが困難な状況にあると考えられる。

3　輸入車攻勢で揺れる市場独占

主要国の国産車独占

現代自動車グループは，数年前まで75％前後の国内市場シェアを維持し，独占的地位を享受してきた。しかし2014年度には，前年の71.1％から68.7％にまで下落し，初めて70％台を切っていた。

他方，輸入乗用車の比率が急激に伸びてきて，韓国輸入自動車協会によると，2010年の6.9％から2014年には13.9％まで上昇した（日本は11.2％）。直近3年間で，韓国の方が日本を上回る勢いで増加してきた。非正規輸入車や商用車を含めた推移では，2013〜2014年間12.7％から15.8％へと驚きの変化をしている。

このような異変は国内市場の事態が尋常でないことを意味する。首脳陣の頭のなかをGM倒産劇の悪夢がよぎった。なぜ，こうなったのであろうか。

自動車販売世界ランキング上位に入っているトヨタ，GM，フォルク

スワーゲンの母国でのシェアは，トヨタが約50％，フォルクスワーゲンが35％程度，ＧＭとフォードを合わせて約35％であり，いずれのメーカーも不動の地位を維持している。だが，これだけの数値では，当該市場が開放的かあるいは閉鎖的かが分からない。こうした市場に輸入車（海外現地生産車を含む）がどれほど受け入れられているかをみておく必要がある。

　まず図表5－4をみると，日本や韓国では，輸入車の比率が10％前後で推移していることが分かる。非常に閉鎖的な市場のようにみえる。逆に，イタリアは70～80％台で完全にオープンな市場になっているといってよい。中間程度の開放度をみせているのがアメリカやドイツで30～40％の比率である。これは競争的市場の典型の範囲に入る。

　以上の考察で分かったことは，国によっては自国ブランドの忠誠度に差が存在しているという事実である。特に日本の場合，輸入車の市場

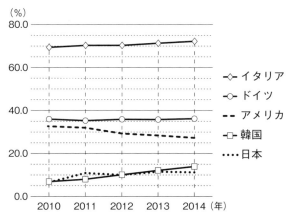

図表5－4　輸入乗用車シェアの国際比較（正規販売）

（出所）日本自動車輸入組合ホームページおよび韓国自動車産業協会提供のデータにより筆者作成。

シェアが小さく国産車中心の市場が形成されていることは，産業の系列化と深く結び付いている。

大企業のモラルハザード

さて現代自動車は，現在，新興国の市場需要の冷え込みに悩まされている。本腰を入れた中国での販売が大幅に落ちてきている。また，ロシア市場も同様だが，諸メーカーがロシア工場での生産を中止するなか，現代自動車は，ラインのスイッチを切らずに稼働を続けている。折角現地投資を許可してくれたロシアの関係者や消費者への恩義を大事にしていることを世界に発信している。

いずれにしても，現代自動車の強みとされてきたボリューム・ゾーンの新興国市場戦略が狂い始めたのは確かである。結局，国内外で一斉に値下げ策に出て，苦境を凌ごうと必死である。

国内の世論では，義理人情で現代自動車のブランドを選ぶような時代は終わったとみている。周知の通り，韓国の自動車産業は政府の庇護のもとで手厚い優遇を受けてきた。また，多くの韓国人は国産車を選ぶことが愛国心の表れだと思い込んでいた。このような事柄が作用して国産車シェアが極端に高い国となっていた。

ところが，今は，現代自動車は消費者に背を向けられ，国民的企業としてのイメージは失墜している。ここまで事態が悪化したのは，大企業組織の隅々に浸透したモラルハザードが原因であった。

以下では，現代自動車が抱えている本質的な経営課題を取り上げる。

(1) 製造・販売・サービスの各機能を分離すること

2011年，現代自動車は，技能系社員と事務技術系社員の等級を統一して一元化した。これは，労使間妥協の結果ではあったが，図表5－5でみるように，相異なる5分野の職種を1つに集約するという奇妙な制度

図表5−5　現代自動車の職位体系

営業職群		整備職群		技術職群		研究職群		一般職群	
職位	給与形態	職位	給与形態	職位	給与形態	職位	給与形態	職位	給与形態
営業職部長	月給制	整備主席技師	月給制	技術主席	月給制時給制	責任研究員	年俸制（非組合員）	部長	年俸制（非組合員）
営業職次長 5年				技術先任5年				次長 5年	
営業職課長 5年		整備先任技師 4年		技術主任5年				課長 5年	
営業職代理 4年		整備主任技師 4年		技術技師5年		研究員	月給制	代理 4年	月給制
営業職主任 2年		整備4級技師 4年		技術技師補 5年				4級社員4年	
営業職社員 2-4年		整備5級技師 5年		技術社員5年				5級社員5年	
営業本部		A/S技能系		工場技能系		事務技術系			

（注）2011年1月施行の新職位制度である。表記はすべて現代自動車の公式名称による。

（出所）現代自動車労働組合，「争議対策委員会速報」2010年7月22日記事および会社資料より引用・加筆。

が生まれ，これが以降の労使関係におけるもつれの理由となった。

　技能系社員を総称して，以前は「生産職群」と呼んでいた。組合の猛反発に会社が折り合い，「技術職群」の名称に変更された。

　見た目では，製造・販売・サービスとなる三位一体型の人事制度の確立のようである。しかし，組織の秩序を乱しかねない危険さえ含んだ制度である。技術と技能とはそれぞれ果たさなければならない本来の固有機能を持っているはずなのに，これを混同していることは気になるところである。

　筆者は，製造・販売・サービスの部門を統合すること自体が間違っていると考えている。製造はそれなりの理念があり，同様に，販売は固有の生業の概念があるはずだ。異質なものを無理に結び付けたこのような経営判断の曖昧さに現代自動車の盲点があるように思える。労使間の軋

みの病巣かもしれない。

⑵　労務管理の基調を根本から見直すこと

2010年度団体交渉の成果をのせた組合速報（2010年7月22日付）には次のような記述がある。

> 「社会通念上，生産職群という名称は，身分の低さを意味するものであり，これが職群間の違和感を助長してきた。こうしたなかで，生産職群は事実上昇進が遮断された唯一の階層となって職級を持たないということによる恨を抱えつつ生きてきた。（中略）会社に通えば昇進ができるという働き甲斐をこれからはより多く感じるようになったこと，また相対的な疎外感から自由になったことは，現代自動車労働組合史上，画期的な出来事であるといえる。」

現代自動車労働組合は1987年に結成された。以来，組合は会社と対立関係をとり，経営成果の配分を組合運動の理念と掲げて絶えず闘争を繰り広げている。労働争議が毎年のように発生し，夏場の製造現場は疲弊する。しかし，しかるべき地位にある経営者は責任を取らずにすんでいた。

現代自動車は，素晴らしい経営資源が底を尽き，もはやグローバル競争に勝てる戦略を持っていない。創業者・鄭周永の巧みな技術キャッチアップ戦略も，2代目鄭夢九前会長のモジュール化生産戦略も賞味期限を過ぎている。後継者である3代目鄭義宣会長も親の陰に隠れ，次世代ビジョンの提示が遅れている。トップマネジメントの曖昧な戦略が現代自動車離れを加速させる一因となっているに違いない。

経営者も，重役も，従業員も巨艦・現代自動車号の沈没に手をこまねいているであろうか。政府の救済や納税者の財布からお金を吸い上げることだけは避けるべきである。

4　むすび

　1990年代のアジア金融危機は発展途上国だけにかかわる問題ではなかった。山一證券の倒産などから分かるように日本の金融界とも何らかの因果関係があったことが透けてみえる。金融自由化の弊害であったことは共通している。

　とりわけ韓国の財閥は，政府のおかげで成立し，政府の力に翻弄される，という奇妙な運命を背負っている。2大財閥のサムスン電子グループと現代自動車グループは，財閥解体の嵐のなかを潜り抜けながら，新しい経営戦略を打ち出し，以前との違いを鮮明にしてきたことは確かな事実である。

　しかし今後，現代自動車が海外戦略で成果を上げるには，日本市場進出失敗の経験を反面教師としなければならない。市場調査の甘さ，性急な経営決断が招いた失敗であったことである。逆に，輸入車ブランドがどうやって韓国の国内市場に食い込んできたかを勉強する必要がある。マーケティングの原理は同じであり，顧客が望む通りのモノを提供しなければならない。安いモノだけでは顧客は振り向いてくれない。

　では，どうすればよいか。今後の見通しがつかないまま，漂流している様子である。筆者は，事務技術系・技能系・販売系などで複雑に絡み合っている人事制度を機能別に切り離し，各機能を独立させることがよいと考える。現代自動車の慢心やモラルハザードが組織全般に蔓延している。これらを取り除く改革をしないと，大変な局面を迎えるであろう。

コラム5－1　私の財閥物語

　私は，三星財閥の自動車メーカーであった三星商用車で人事担当を5年間務めたことがある。どうしたらトヨタのような優れたものづくりが現場に適用可能かと悩み続けた。

　新生トラック工場の立上げに備えて，稼働後はもっと立派な生産システムを実現するために，幹部級で構成するタスクフォースチームに，人事・評価テーマの担当者として参加した。トヨタOBの招聘顧問より月1回のペースで意識改革の教示を授かった。そのメッセージを所属部署に伝達するということになると，部署長や社員たちは皆抵抗した。抵抗というより，むしろ改善後に現われる未経験の変化に怯えていた。

　同じ身分だった私すら不安であった。自立を探り，いくら熱心に取り組んでいたとしても，政府の行政指導で会社が危うい状況におかれていたからである。

　私は，会社でトヨタ生産方式の仕組みを伝授する顧問の補佐を担っていた。三星研修団を率いて日産ディーゼル工業（現，UDトラックス）上尾工場に出向いたり，日産追浜工場を見学したりした。提携先の日産の工場で技能研修を受けさせる，アグレッシブなプログラムを施行していた。

　この研修が目指した目標は，「重工業＋自動車＋韓国＋日本＋トヨタ＋日産＝最高のものづくり」の達成にあった。この方程式を解くことは容易でないことを承知のうえ，その黄金比を求める実験が行われた。

　残念ながら，このプログラムは途中で挫折した。アジア金融危機の最中で我が社は事業を畳んだのである。

　ところで先の多項式の解がみつかった事例は少なくない。韓国の企業がキャッチアップするのに必要な公式だった。

　現代自動車は，土木会社から出発して「重工業＋自動車＋韓国＋日本＋三菱自工＋第3パートナー）＝最高のものづくり」の方程式を見事に成立させていた。持論である「重工業ものづくり」仮説が裏付けられる事例である。

　財閥の解体過程で重工業部門がスピンアウトし，現代自動車はより自動車メーカーらしくすっきりしたかたちになり，その分だけ集中度とスピードが生まれた。これが現代自動車の成功につながった。

　要するに，「選択と集中」の途に乗ったからこそ可能な話だった。

　さて，不思議なことに，三星財閥の運営は比較的安定していた。その理由は，常に「変化」を求めて進化する企業文化にあった。これに関わる逸話を紹介しておきたい。

　2015年夏に日本では，国家公務員を中心に「ゆう活」運動が進められていた。通常より早朝出勤し，明るいうちに仕事を終え，余った時間を有意義に活用してもらう，という趣旨の内閣府主導のワークスタイル改善運動である。

　私がサムスン経済研究所に入社したとき，「7.4制」と題した早朝出勤・早期帰宅を促す目新しい制度が1993年7月より実施され2年目を迎えていた。午後4時には仕事を片付けてオフィスを出るようになっていた。4時10分頃ビル全体が消灯されるからだ。生活リズムが狂った。余ってきた時間の使い方が分からず，しかも「7.4制」がそうでない他所の社会的システムとミスマッチングしていた。エリート社員たちはホテルの一室を借りて残業を続けるという噂が流れるほどであった。2002年，このワークスタイル改善運動は全面中止となったが，発想の転換がいかに大事であるかを教えてくれている。

　私は今でも，失敗を恐れず「変化」を仕掛けた20年前の韓国財閥の素顔が思い浮かぶ。自分が変わらなければ何も変わらないこと，複雑さをシンプルに仕分けてまとめなければ合わせた数程の相乗効果が出てこないことを学んだ。

コラム5−2　現代自動車の本当の実力

　現代自動車の驚異の成長ぶりに世界が注目している。その際，世界販売ランキング5位のメーカーと称賛される。ただ，販売台数の並びに目を奪われたら，ビジネスの旨味に欠けてしまう。

　創立50周年を迎える節目に当たり，現代自動車の本当の実力について考えてみたい。

　ビジネス専門のフォーチュン誌は毎年，世界500大企業を発表している。2015年度発表の自動車およびその部品のメーカーの順位をみると，2014年度売上高ベースで，現代自動車は11位，起亜自動車は19位，現代モビスは26位となっている。

　首位のフォルクスワーゲン，2位トヨタ，3位ダイムラー，4位フィアット，5位GM，6位フォードの順で，現代自動車はビッグファイブ入りしていないことが分かる。

図表5−6　フォーチュン世界500大企業（自動車・部品，2014年）

順位		社名	順位		社名	順位		社名
業界	全体		業界	全体		業界	全体	
1	8	フォルクスワーゲン	11	99	現代自動車	21	254	タタ・モーター
2	9	トヨタ	12	107	第一汽車	22	268	ボルボ
3	17	ダイムラー	13	109	東風汽車	23	293	デンソー
4	19	フィアット	14	128	プジョー	24	318	マグナインターナショナル
5	21	GM	15	150	ボッシュ	25	340	ブリヂストン
6	27	フォード	16	191	ルノー	26	347	現代モビス
7	44	ホンダ	17	207	北京汽車	27	362	広州汽車
8	56	BMW	18	233	コンチネンタル	28	429	マツダ
9	59	日産自動車	19	242	起亜自動車	29	436	スズキ
10	60	上海汽車	20	245	ジョンソンコントロールズ	30	442	アイシン精機

（出所）フォーチュンのホームページより筆者作成。（注）売上高基準。

アジア勢では1位トヨタ，2位ホンダ，3位日産，4位上海汽車，5位現代自動車となり，辛うじて名前がのぼってくる。

また，現代自動車と起亜自動車を合わせても，フォードに次いで世界7位となる。

このような現状は何を意味しているのであろうか。

まず1つ目に，薄利多売のマーケティング戦略が限界に来ているかもしれないということである。ボリューム・ゾーンとして注目された新興国市場に陰りがみえ始めている。この点が現代自動車のアキレス腱である。

2つ目に，高額なマーケティング・コストを払ってもモノが売れないような時代となり，消費者のみる眼がより分かり易いものづくりのクルマを選ぶようになってきていることである。現代自動車は何をウリにするメーカーなのかを明確に示す必要がある。

3つ目は，こうした厳しい現実に背くような様態が現代自動車の内で続出しているという問題である。本文で述べた通り，労働組合の近視眼的な利益配分要求や各種メディアの偏った組合叩きがその好例であろう。

現代自動車は50周年の歴史で終わるのであろうか。身の引き締まる覚悟で改革に取り組まなければならない。

【ディスカッション】

［1］　現代財閥（現代自動車グループ）と三星財閥（サムスン電子グループ）の企業史について考察してみよう

［2］　現代自動車の日本市場進出には，どのようなマーケティング戦略が必要であるはずだったのか，この点についてディベートしてみよう。

［3］　韓国の国内自動車市場は日本のそれと何が違っているのであろうか。消費者の購買嗜好の視点から論じてみよう。

【参考文献】

李泰王『ヒュンダイ・システムの研究－韓国自動車産業のグローバル化－』
　　中央経済社，2004年。

韓国経済新聞社編（福田惠介訳）『サムスン電子－躍進する高収益企業の秘
　　密－』東洋経済新報社，2002年。

高龍秀『韓国の経済システム－国際資本移動の拡大と構造改革の進展』東洋
　　経済新報社，2000年。

朴一編『変貌する韓国経済』世界思想社，2004年。

本多健吉『南北問題の現代的構造』日本評論社，1983年。

　2017年は，現代自動車半世紀の軌跡を総括する記念すべき年である。

　1967年12月に設立された現代自動車は，その生い立ちにおいて，メイド・イン・コリアの過去，現在と重なる部分が多い。ところで，経営者がどのような考え方を持って企業を興し，それによって以降の経営がいかなる変化を遂げたかについて調べてみて，浮き彫りになった課題に対して検討する必要がある。

　本章では，韓国の製造業のものづくりに一線を画す業績を残した現代自動車に対する経営史的考察を試みる。

　前述した通り現代自動車は，海外企業の助けを求め，その技術提携を土台にして事業を始めた。そこで，創始者・鄭周永の活躍が際立っていた。卓越した交渉力とチャレンジ精神によって力強いスパートをかけることができた。

　三菱自動車が揺籃期の現代自動車のペースメーカーになってくれた。両社間の絆には，三菱重工業出身の社長久保富夫の思い切った決断があった。また，世には知られていない日本人の生産管理の立役者も存在した。ここから現代自動車の成功物語の幕が開けられた。以降，現代自動車は飛躍的な成長を遂げ，恩師たる三菱自工を凌ぐグローバル・メーカーへと変身した。

　だが，組織が肥大化するにつれ，50年かけて築き上げたメイド・イン・コリアの栄光が危うい状態になっている。覇者の慢心がはびこり，過去に逆戻りしようとしている。筆者は，こうした現状から脱却し，新しい50年の途を開いていくことを期待する。

1　現代自動車の手本は旧三菱重工業

三菱自動車との絆

　1973年9月20日，現代自動車は三菱自工と歴史的な技術供与・技術指導契約を締結した。これは単なる技術契約ではなかった。というのは，ここまでこぎつけるには日韓経済界を代表する偉人同士の親交が決定的な役割を果していたからである。ここでは，両社の社史記録を通じて，1973年技術供与契約に至るまでの経緯を探ってみよう。

- 当時韓国では三菱製エンジンの耐久性能に対する信頼が広がっていた。1969年と1970年に京仁高速道路と京釜高速道路が相次いで開通した。長距離輸送需要に合わせて三菱製高速バスが大量に輸入された。こうした背景が，政府の認可と関連して，三菱自工を技術導入のパートナーに迎えようとする現代自動車に有利に働いた。
- 鄭会長自身は，現代建設を創設しこれを母体として1967年に現代自動車を，1973年に現代造船重工業を設立した。事業家の手腕が噂され，このことが技術導入契約の交渉に追い風となった。
- 現代建設が川崎重工業と提携を結んだことによる反動も大きかった。1972年12月，川崎重工業と「設計図面供給および技術支援協約」を締結し，川崎重工業・川崎汽船との緊密な協力関係をスタートさせていた。

　現代自動車と三菱自工との提携交渉が水面下で進んでいた1973年頃の現代自動車の設備はフォードのバスやトラックを組み立てる工場だけで，乗用車用エンジン工場を持っていなかった。フォードとのエンジン工場建設の契約が物別れになっていくなか，近傍の田んぼや畑のあるところをエンジン工場の敷地として造成する予定であった。

　三菱自工の社内では，新生メーカーとの協力に対して，会社の運用能力があるか，本当に車が造れるのか，といった懐疑的な意見が支配的であった。

「あらばん先生」の架け橋

　三菱自工は，当時の京都製作所の所長・荒井齊勇取締役（後に常務）を現代自動車蔚山工場に派遣し，技術供与の受け皿ができているかどうかを調べさせた（「あらばん」とは，荒井の頭文字と板金など生産技術のプロであることに由来するご本人納得のニックネーム）。しかし，荒井氏が目の当たりにしたのは，ガランとした広い更地であった。

　対応に困っていた現代自動車側は，自慢できるものがなかったこともあって，仏国寺，仏像，王冠などで有名な近くの新羅時代の遺跡を案内した。そして，それらはみな1500年も前に造られたものであることを紹介した。そのとき，荒井氏はこうつぶやいた。

　　「あのような仏像が1500年から2000年前に鋳造できたのか？　それなら，シリンダーブロックなどは問題ないのではないか。昔から鋳造技術が韓国に存在していたのか？　日本に比べて進んでいたね。過去に日本が技術移転を受けてやっていたのだから，今度は我らが教えてあげる番だ。技術を援助しよう。」（当時，荒井氏を案内したことのある現代自動車元専務・李壽一氏とのインタビュー記録，2014年3月14日，啓洋精密ソウル事務所）

　久保富夫社長（後に会長）は，荒井報告を受け技術供与の決定に至った。三菱自工社史には次のように書かれている（三菱自動車工業株式会社史1993年版，416頁）。

「韓国，現代自動車との今日の深いきずなの基となった技術援助契約を締結したのは，1973年であった。（中略）鄭周永氏が着目したのは，（中略）日本の自動車工業を支えている技術であり，生産ノウハウであった。中でも，当時，現代グループが志向しつつあった多角的重工業企業である三菱重工業の中で育った三菱自工の技術のユニークさに親近感と信頼をよせるようになった。当時の久保富夫社長も，『成熟した技術は積極的に海外に移転し援助する』という基本理念をもってこれに応えた。」

　トップ同士の親交，重厚長大型事業への共感，三菱自工の海外進出の思惑が色濃くうつしだされた文脈といえる。ただ，「成熟した技術」の中身については，セコハン技術ではないかという別の見方をしている人もいる。
　荒井齊勇常務は日韓の自動車産業史に残る偉人である。荒井氏は退任時までの5年間岡崎工場の建設責任者として尽力しながら，いわゆる「三菱生産方式」を自ら体系化した。

「海外で勤務する場合に，いまひとつ大切なことは，その国のためにお役に立つことを基本の発想とせねばならない。自分の所属する日本企業は大切であるが，その利益代表と受け取られるような言動は絶対に慎しまなければならない。あくまでも，その国の繁栄，あるいはそこの合弁企業の繁栄が主目的であり，その繁栄と利益の一部が自分の所属企業へ結果として戻るのだという考え方をしていることを，現地の人達に理解してもらわなければ，協力は得られるものではない。」（荒井齊勇『あらばん学校－日本的生産技術の原点－』日刊工業新聞社，1982年，39頁）

　荒井氏は「三菱生産方式」の実践に身を捧げた42年間の思いを込めて1冊の本を世に出した。日本人自身の勘違いを戒める，このような記述を著書の「日本人の特異性」の項に残していた。

2　重工業ものづくりの刷新

「三菱生産方式」との出合い

　現代自動車の生産技術が三菱自工より伝授されたことが事実として分かってきた。ここで疑問として浮かび上がるのは，この「三菱生産方式」が三菱自工独自のものかどうか，という点である。

　現代自動車におけるものづくり型を特定するためには，三菱自工におけるものづくり型の存在のいかんについて解明しなければならない。また三菱重工業のものづくり型の解明が不可欠となる。なぜなら，三菱自工は，三菱重工業の一事業部に過ぎない存在であったからである。

　焦点は，擦り合わせ型ものづくりか組み合わせ型ものづくりかの二分法に対して，重工業ものづくりはどのような形をしていたかを検証することである。この点については，第3章において，三菱重工業のものづくり型は「詰め合わせ型」ものづくりであることを確認したうえ，他の2形態との違いを明らかにしている。

　では，三菱自工（三菱重工業）から現代自動車への技術移転に関する史的展開をみてみよう。

　現代建設を率いる鄭会長は，自動車部門と造船部門の技術導入計画を同時に推進していた。三菱重工業側と接触をしていたが，重工業部門での協力は反対され自動車部門に限ることになった。理由は，エンジンやトランスミッションの輸出相手として，現代自動車が格好の存在であったからである。この結果，重工業分野は川崎重工業との提携となったの

である。

　三菱重工業が三菱自工を分離・独立させたのが1970年４月で，その１カ月前に現代建設は造船事業部を発足させていた。この絶妙なタイミングで，現代建設は，傘下の現代自動車を三菱重工業（三菱自工）に結び付けることができた。

　鄭会長は1915年生まれの手腕の起業家で，久保会長は1908年生まれの100式司令部偵察機など飛行機内燃機関の設計者であった（久保富夫ほか2002）。２人はともに乗用車を造った経験を持っていなかった。ただ，発動機もしくはエンジンをシャシーに載せれば車になる，というビジネス感覚においては意見が一致していた。

　ところで，三菱重工業の源流は，旧・三菱財閥の中核的会社の位置づけにある。官営長崎造船所の払下げを原点にして蓄えた重工業技術をもとに，1918年神戸造船所において三菱初の乗用車「三菱A型」を完成させていた。しかし，ディーゼル発動機の製作を要請する軍部の意向に沿うかたちで，三菱財閥４代目社長，岩崎小彌太はすぐに乗用車事業からの撤退を決断した。

　当時の三菱合資は，豊富な経営資源を操れば自動車事業が興味のある分野であったはずなのに，なぜこのような決断を下したのであろうか。「三菱が撤退の理由にあげた我国の状勢とはまさにこうした大量生産に不適合な状況を指していた」（三島編，222頁）という指摘の通り，乗用車の製造は技術的に欧米におくれをとっていて，採算性に見込みのない部類に属していた。

　他方，1918年頃のアメリカ大陸ではT型フォードが量産され，町中が車で溢れ始めていた。三菱財閥は，コストを下げ，安価販売を通じて需要を掘り起こし，最終的には儲かる，といった利益創造システムを先んじて展開しなかったのである。

　よって，筆者は，「三菱重工業は，耐久消費財の大量生産に不向きなものづくり体質を自ら助長し，重工業偏重の経路依存性に陥るようになった」ことを一仮説として提起しておきたい。

　この「三菱生産方式」が仮に，戦後モータリゼーションの大競争のなかで磨き上げられたものであったならば，極論すると，トヨタやホンダに大差を付けられてしまうような事態は避けられたはずである。

　現在，三菱自工のトップマネジメントは三菱重工業と深く結び付いている。取締役や役員は，重工業・商事・銀行の三菱グループ御三家から送り込まれている。このような状態であるなら，三菱重工業のものづくりの発想がそのまま引き継がれている蓋然性が認められる。言い換えれば，三菱重工業を起源とする旧来のものづくりが三菱自工に至るまで「耐久消費財の自動車づくりに適さない特殊な要素」を含んでいた可能性が高いということになる。

　要するに，三菱重工業のものづくりは，およそ100年前から消費者目線とは距離を置く，「詰め合わせ型」ものづくりを得意とする「大型・受注生産」方式に傾斜していたこと，また三菱自工においても同様である，という解釈が可能である。

古い重工業体質からの脱皮

　現代自動車のものづくり型が「三菱生産方式」のそれを踏襲したとするなら，三菱自工と同じ途を歩んできて，実績低迷に苦しんでいたかもしれない。であるのに，なぜ現代自動車は飛躍的成功を成し遂げ，世界から注目されているのであろうか。この疑問点を解き明かさなければならない。

　最も有力な要因として，「三菱生産方式」を取り入れてはいたが，後に古い重工業ものづくりから換骨奪胎し，独自のものづくり型の構築に

成功した可能性があげられる。「自動車ものづくりは重工業ものづくりとは根本的に違う」ということを現代自動車は看破していたからであろう。

現代財閥の２代目会長鄭夢九は，1999年より経営方針の転換を図っていた。１つ目に，「品質経営」という名の全社的な品質改善運動である。２つ目に，系列の現代モビスを中核とするサプライチェーンの集約化である。いずれも，古い重工業ものづくりを踏襲していれば，到底実現できなかったはずの経営課題であったが，見事に成功してみせた。1999年当時の韓国経済の潮目（つまり相次ぐ企業倒産や起亜自動車買収）にうまく乗ったことも重要な要因である。

1997年末，金融危機に陥った韓国は，緊急融資を受けることと引き換えに国際通貨基金（ＩＭＦ）の管理を受け容れ，３年間に及ぶ構造改革を強いられた。その際の大きな政策課題の１つに財閥解体（企業統治の改革）が掲げられた。創業者とその同族で所有・管理されていた現代財閥は，鄭周永兄弟とその子弟らに業態別に分けて解体された（図表6－2参照）。

嫡男の鄭夢九前会長に譲られたのは，最大の事業部門である現代自動車と起亜自動車であった。現代重工業は他の弟の分となったため，自動車づくりに専念しなければならなくなった。言い換えれば，創始者時代の「三菱生産方式」から脱皮し，新たな転換を迎える契機となったことを意味する。

3 岐路に立つ現代自動車

財閥経営の模範はあるか

三菱財閥の創業家岩崎一門は，初代社長岩崎彌太郎の手がけた海運業

を下敷きに西洋技術の摂取に力を注ぎながら急速に富を築き上げた。2
世代4社長にして三大財閥の一角に躍り出た。1885年彌太郎が死去した
後，1887年には官営長崎造船所の払下げを受け，炭鉱，鉱山，製造業，
不動産業など，事業の多角化を推し進めた。4代目社長岩崎小彌太は第
1次世界大戦後の不況から抜け出すために多角化に拍車をかけた。

　経営組織の拡張に伴い，それを統括するための機構も必要であった。
権力の集中と同時に分散をも視野に入れた「社長専制」を制度化した。
多岐にわたる分家会社（1942年に15社）の経営者・会長を岩崎家社長の
傘下に収めつつ，彼らに職務権限，権威と責任を持たせた。

図表6-1　旧三菱財閥・岩崎家の社長継承

◆2代 岩崎彌之助（1851～1908）

在任期間（1885～1893）
　34歳就任，43歳退任 →監務就任
学歴　米国留学
事業　1887 長崎造船所の払下げ
　　　1893 三菱合資会社設立
　　　（1896～1898 日本銀行総裁）

◆初代 岩崎彌太郎（1835～1885）

在任期間（～1885）
学歴　儒学
事業　1870 土佐開成商社創立
　　　→ 1873 三菱商会
　　　→ 1875 三菱汽船
　　　1875 三菱製鉄所運営
　　　1884 長崎造船借受経営

◆4代 岩崎小彌太（1879～1945）

在任期間（1916～1945）　37歳就任
学歴　東京帝大法学部中退
　　　英国ケンブリッジ大留学
事業　1915 朝鮮・兼二浦製鉄所（～1935）
　　　1917 三菱造船，三菱製鉄
　　　1918 商事，鉱業，三菱A型乗用車
　　　1919 海上保険，銀行
　　　1920 内燃機製造 →1928 航空機
　　　1921 電機，1931 石油，1934 化成
　　　1937 地所，1942 製鋼，等分系15社
　　　1940 朝鮮平康郡・城山農業設立
　　　1943 三菱「三綱領」制定（2月8日）

◆3代 岩崎久彌（1865～1955）

在任期間（1893～1916）
　29歳合資社長就任，52歳退任
学歴　慶應義塾普通部
　　　米国ペンシルバニア大留学
事業
　　　1905 神戸造船所設立
　　　1907 麒麟麦酒，旭硝子
　　　農牧業参入（小岩井農場）
　　　1907 朝鮮・東山農場小作経営
　　　→ ブラジル等農業進出の嚆矢

（出所）三菱自工および三菱重工業の社史より筆者作成。

　創業者の兄弟および２世の従兄弟が交互に最高経営者の社長に就任し，「社長専制」の権力基盤を築いた。初代・彌太郎の死後に，２代目に弟の彌之助が就き43歳のときに退任した。３代目には，甥の久彌が就任し52歳で退任，さらに４代目には，37歳の従兄弟の小彌太が就いた。生前の現役の内に社長から退き，後任者に権力の座を移譲する，経営権継承の良い模範が三菱財閥の家風となっていた（三菱自工社史，16〜17頁）。

　三菱財閥は「社長専制・政治不関与・重工業中心」の特色を打ち出し，三井財閥や住友財閥とは違う透明な経営を強く印象づけていた（三島編，7〜12項）。次に，「政治不関与」に関しては，２代目社長・彌之助が日本銀行総裁に任命されたこと以外は岩崎家の政治的活動は慎まれていた。また，「重工業中心」を軸とした事業の展開については，政府の要請やその意を受けての暗黙の行動によるものであった。海運から造船，製鉄，内燃機関製造（航空機，戦車など）にまで事業内容が多様化し，技術的進化が高度化することが国家の高度成長路線に符合していた。

　このような動機によって，三菱財閥は，乗用車事業から遠ざかっていって，軍需用ディーゼル発動機の製造に特化することになった。こうして戦前の三菱重工業の後身である三菱自工は，耐久消費財である乗用車の生産に適さない重工業ものづくりの特殊な要素を内包していた可能性を裏付けている。

　一方，韓国の同族経営企業である三星，現代，ＳＫなど錚々たる財閥のほぼすべてのケースにおいて経営者の死後に後継者が権力の座に就いていた。三菱財閥岩崎家にみる生前の経営権継承は実現しなかった。というより，そうする構図すら存在しなかった。現代財閥の故・鄭周永会長は旧三菱重工業の特色のうち「社長専制」に近い「グループ会長専制」を守り続けた。この牢固たる遺産は現在，嫡子鄭夢九名誉会長を宗家とする多数の分家グループにおいても引き継がれている。さらに，初

代会長自身が1992年大統領選挙に立候補したことや息子の鄭夢準・現代重工業会長が国会議員を歴任するなど,「政治関与」に打って出る姿勢をみせていた。

ものづくり型の選択問題

近年,現代自動車の経営に陰りがみえ始めた。国産車離れに人件費の要因が加わり業績の悪化が目立っている。また,中国やロシアなど新興国経済の低迷,ギリシャの財政破綻,円安など世界経済の変動に直撃されている。

過去10余年間,現代自動車は世界経済の隆盛に乗りグローバル化の黄金期を満喫し得た。揺るぎのない4大経営方針が功を奏した。つまり品質至上主義・サプライチェーンの改革・トップダウン式リーダーシップ・新興国市場攻略,などは時流に先んずる策であったことはいうまでもない。しかし,ここで議論すべきなのは企業組織をめぐる問題である。

鄭夢九会長が総帥に就任してからの数年間は,自動車製造専門の企業グループであっただけに経営戦略が比較的シンプルで,収益を出し易い組織構造となっていた。本書の仮説である重工業ものづくりとの決別が逆に良い成果につながったのである。

ところが,再び重工業への野心に燃え,旧・現代財閥の系列であった現代建設を買い戻し,また現代製鉄を銑鉄一貫生産工場にまで拡張した。せっかく,手に入れた現代自動車固有の自動車ものづくりが,重工業ものづくりと混ざってしまい,今後の針路を見失っている。一連の動向の結果は,関の山である。業績不振の原因は現代自動車の組織のなかにあった,という結論である。

異質な業態を網羅的に所有・管理する財閥組織においては,経営者1人で系列会社個々のビジネスを統括することは不可能に近い。右肩上が

図表6-2　現代自動車グループ系譜（2022年）

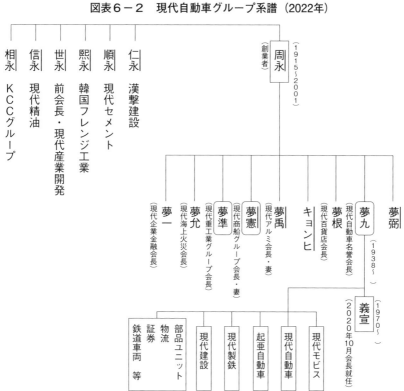

（注）傍線は故人。
（出所）各種資料より筆者作成。

りの成長が続くのであれば，黒字で赤字を穴埋めすることができるが，今日のように，熾烈な国際競争のなかにおいては，財閥組織そのものが相乗効果を得られないどころか，むしろ共倒れの引き金になりかねない。

　筆者は，製造業のものづくりは3つのカテゴリーに当てはまると考えている。重工業は基本的に受注生産のもとで成り立つわけで，納期さえ守ればビジネスは成立する。他方，自動車の生産は，擦り合わせ型であ

れ，組み合わせ型であれ，一般消費者を顧客としているため，消費者の要求に応えることが基本なのである。

　前出の第3章で詳細に論じている通り，3つのカテゴリーの間は，産業間インターフェースによって連結され，それぞれの分業によって初めて一国経済のなかでまとまる（「MIF業際分業」仮説）。もし，こうした秩序が乱されることがあれば，恐ろしいことにその国の経済は荒廃する。

　どのようなものづくり型を目指すか，現代自動車に問いかけたい。

　「自動車ものづくりなのか，それとも重工業ものづくりなのか」と。

4　むすび

　本章は，1970年代初頭の日韓企業間の技術協力史に依拠して執筆した。

　現代自動車の成長は，半世紀の軌跡に照らしてみると，いくつかの特徴が発見できる。垂直および水平統合を並行した起業方式を採用してきた。また先進メーカーとの提携においては，技術やノウハウの取引だけでなく，緊密な人間関係を軸にしたパートナーシップを結んでいたことである。

　現代自動車は現在，経営実績において，三菱自工に大差をつけて逆転している。三菱自工の低迷には歯止めがかからず，2015年7月24日に販売不振を理由にアメリカ唯一の生産拠点であるイリノイ工場からの撤退を発表した。

　だからといって，現代自動車も決して安泰ではないように思える。新鋭の自動車メーカーとしては切れ味が悪い。極論の誹りを恐れずにいうなら，韓国財閥に共通した課題，つまり企業統治の問題すべてが社内に堆積している。

　現代自動車にとって，新しい50年の始まりは抜本的な事業再構築しか

ない。重工業の「重」の意味合いは，重いという「ヘビー・インダストリー」として捉えられてはならず，複合という意味の「マルチフル・インダストリー」で理解されなければならない。

　繰り返しになるが，重工業ものづくりの刷新で勝ち取った自動車ものづくりを一層進化させていくことを願いたい。初心に帰り，心機一転して最後のチャンスをつかまなければならない。

　最後に，本章執筆のきっかけをくださった三菱自工元重役，故荒井齊勇氏に感謝申し上げたい。

コラム6－1　トヨタ自動車に学ぶ

　韓国の大企業は，社員の人事異動については年2回実施し，役員人事については基本的に年末に一斉に行われる。大手上場企業の社長を含む役員たちの平均勤続は3年程度であるとの報告がある。社員から上り詰めて就いた常務だが，後は，法定任期3年を精いっぱい頑張るだけというわけである。

　韓国のサラリーマン社会では，「役員は非正規社員だよ」と若干ひねくれた話が流行っている。役員は短命だということである。

　韓国の役員の寿命が長いかどうかを判断する好材料を紹介したい。

　トヨタの場合，図表6－3で示す通り，社長になった人の役員歴は普通12年を超す長期任用となっている。たとえば，最高経営責任者である豊田章男社長は役員になってから10年目に社長昇格となった。もちろん，章男社長は創業家御曹司だからという理由もあるが，ともかくトヨタは終身雇用を誇りとする会社で有名である。

　特に，トヨタのトップマネジメントには，驚くほど興味深い特徴が秘められている。社長を中心とする首脳陣が場当たり的に任命されたメンバーで構成されるケースは皆無である。

　図表の記号でｆ，ｎ，ｓは，章男社長が初役員になった2000年頃から傍で彼を見守り育てながら副社長にまで進んだ後，2013年人事で勇退していた。ということは，社長になって5年目にして，完全に社内権力を掌握し，独自の判断に基づいて世界のトヨタを指揮することができた，ということを意味する。

　直前の渡辺社長のトップマネジメントの構成にも，彼を補佐する3氏が傍にいて（記号で，ｓ，ｋ，ｔ），いわば「章男ドリームチーム」とバトンタッチしてから職を離れた。

図表6－3　トヨタのトップマネジメント

就任	社長	副社長	章男チーム	渡辺チーム	会長	副会長
2015.6	豊田章男	kks-ti-d	A k k s' i t	s	内山田	なし
2014.6		kkmios	A k k m i s	s		
2013.6		kkmio-s	A k k m i s	s		
2012.6		fnso-kkm　(i)	A f n s o		張	内山田
2011.6		fnso　　(ki)	A f n s o			なし
2010.6		fns-o　◇　(kmi-k)	A f n s o			渡辺,岡本
2009.6		fns　　◇　(o-mi)	A f n s o			中川,岡本
2008.6	渡辺捷昭	skt　A　◇　(fnso)	A f n s o	W s k t		中川,岡本
2007.6		skt　A　◇　(fnso)	A f n s o	W s k t		中川
2006.6		skt　A　◇　(fns)	A f n s	W s k t		中川
2005.6		skt　A　◇　(fns)	A f n s	W s k t	奥田	張,中川
2004.6	張 富士夫	W　　△△△△△	A f n	W s k t		池淵,中川
2003.6		W　　△△△△△△	A	W s k t		磯村,池淵
2002.6		W　　△△△△△△	A f n s	W s k t		磯村,池淵
2001.6		W　　△△△△△△△	A f n s	W s k		磯村
2000.6		△△△△△	A f n	W s k t		磯村
1999.6		△△△△△		W s k t		
1998.6	奥田 碩					

（注）記号A，Wは豊田章男，渡辺捷昭のイニシャル文字であり，他の小文字も同じである。ｓ，ｓ，ｓʼはそれぞれ別の人を意味する。「ほか」や印などは本論と直接関連しない関係で氏名を省いたことを表す。
（出所）年次株式総会に関する資料から筆者作成。

　これは，本論で述べた旧三菱財閥の社長交代の伝統とは一味違う，トヨタらしい企業文化といえる。見方によっては，社内官僚制の色彩が滲んでいて，意思決定にスピード感が出難い側面を持っている。筆者は，社内抗争の発生を未然に防ぐ道具として，トップマネジメントの「ドリームチーム」稼働（本書でいうテクノ・アーティクレーションの推進体）は必要であると考えている。驚嘆すべき帝王学・社長継承の模範である。

図表6－4　トップマネジメントの比較

	トヨタ	現代自動車
育成・評価の原則	長期評価	目標管理
役員人事の周期	年次定期	年次定期，随時任命
意思決定機関	副社長会（社内官僚制）	総帥（トップダウン）
経営陣の編成	ドリームチーム（指定校） 長期安定型（10～12年）	実績本位（年功破壊） 短期決戦型（4～8年）

（出所）筆者作成。

　このコラムの冒頭で問い掛けられた，韓国企業の役員人事については図表6－4のようにまとめた。瞬時に決戦を仕掛ける韓国型経営に適合したかたちで不定期の抜擢・淘汰が日常茶飯事のように実施されている。良くいえば，新陳代謝が良くなって，有能な人材に昇進のドアが開かれる，というメリットがある。

　役員異動が不定期に行われると，特に財閥企業の場合，鶴の一声で物事が決まるため，所信を持った所管の権限執行ができないという弊害が発生する。仮にオーナー総帥が経営判断を間違えて損失をもたらしても，その責任が系列各社の経営者に転嫁される可能性さえ充分にある。

　しかし，トヨタの安定した「ドリームチーム」様式，つまり長期育成型の人事制度にも弱点がある。

　2015年6月株主総会を前後して，トヨタで初めての女性役員登用で各メディアを華やかに飾っていた主人公の常務ジュリー・ハンプ（Julie A. Hamp）氏が，2日後に麻薬所持関連容疑で逮捕された。彼女はGMの広報専門役員であった。アメリカ駐在経験を持つ専務の具申で採用が決まったサプライズ人事であっただけに社内に衝撃を与えた。

　こうしたなか，2023年1月26日，トヨタは4月1日付役員人事を発表した。

　新社長に執行役員の佐藤恒治氏が就任し，豊田章男社長は会長になる一方，プリウス革命の主役であった内山田竹志会長の退任が決まった。13年に及ぶ豊田社長率いるトップマネジメントが転機を迎えることになった。

コラム6−2　現代自動車の新しい50年

　以下では，本書を締めくくるにあたり，現代自動車が抱えている焦眉の問題に対する提言を3点記しておきたい。

自動車事業を中心に系列各社を整理・再編する

　自動車ものづくりと距離のある分野，たとえば建設，製鉄を分離売却し，よりスリムな組織運営に努める。建設と製鉄は簡単に儲かるような分野でなくなってきている。ものづくり型の明確化が今後の発展の決手である。

経営権継承を現会長の生前に行い事業連続性を保つ

　財閥経営の良い要素を生かしつつ，安定したビジネス・ライフサイクルを確保するためには，現会長が現役のうちにトップ交代を宣

言する。現代自動車離れの民心を早期に取り戻す必要がある。

労働組合代表を経営委員会などのメンバーに加える

　対立関係にある労使関係の解決策としては，オーナー一家・専門経営者・社外取締役・組合代表でなる経営委員会を発足させ，組合の存在をまともに認める。対立構図を克服できる，いわゆる「労使均衡モデル」の創造が必要である。

【ディスカッション】

［１］　現代自動車のものづくりが古い重工業ものづくりに逆戻りした場合に予想される事態について論じよう。

［２］　トヨタ自動車と現代自動車のものづくり思想を比較してみよう。

［３］　アメリカ，日本，そして韓国の企業における人材育成の違いについて考えてみよう。

【参考文献】

荒井齊勇『あらばん学校－日本的生産技術の原点－』日刊工業新聞社，1982年。

李泰王「三菱自動車と現代自動車の1973年技術協力体制の再検討」愛知大学経済学会Discussion Paper Series No.15，2014年。

久保富夫ほか『軍用機開発物語②－設計者が語る秘められたプロセス－』光人社NF文庫，2002年。

三島康雄編『日本財閥経営史三菱財閥』日本経済新聞社，1981年。

三菱重工業（株）『三菱重工業株式会社史』1956年。

Donald Kirk, *Korean Dynasty : Hyundai and Chung Ju Yung*, Asis 2000 Ltd., 1994年。

― 第3部 ―

新しいものづくりへの挑戦

第7章 エコカー技術開発の光と影

　近年，自動車市場で売れている車種が以前と大きく変わってきている。軽四輪車（660cc級）の販売が乗用車全体の39.3%を占めている。また，ハイブリッド車も急速に伸びて17.3%の比率となった。軽四輪車とハイブリッド車を合わせると，なんと60%近くまでに拡大している（2013年度）。トヨタは，2014年にハイブリッド車の販売比率を約40%まで高めた。

　ここで注目したいのは，日本の自動車市場そのものが伸び悩んでいるなかで，ハイブリッド車のみが売れているところである。過去30年間の緩やかな上昇にある軽四輪車の普及にハイブリッド車が加わると，どのような社会的現象が起こるかが気になる。大方は，日本人の節約志向が消費行動につながっているのだろうとみている。だが，失われた20年が問題視されるなか，節約ばかりを褒めるわけにはいかない。

　筆者は，低消費スパイラルに陥った日本社会の深部に迫り，日本の製造業が得意とする花形の先行技術開発の到達点とそれ自体に内在する普及までのタイムラグ問題などを検出したいと考えている。

　より進化したエコカーであるほど単価が上昇すること，またハイブリッド車から電気自動車などに移行すると，技術体系の違いにより需要のギャップが発生してくること，など現実的な課題が技術革新の前途に立ちはだかっている。

　こうした実態を踏まえて，「エコカー技術革新Ｖ字罠」仮説を提唱している。この説を通じて，無理なエコカー開発競争は，逆に資源浪費や納税負担を荷重する要因になりかねない，という問題意識を共有したい。

1 軽四輪車の生態系

軽四輪車普及の是非

　以前，日本の携帯電話端末がものづくりと情報通信技術（ＩＣＴ）を駆使し，過去のソニーのウォークマンの人気を凌ぐ先端的製品になると期待されていた。先に人口１億２千万の日本市場で製品の信頼性が確認された後に海外展開したところ，モトローラやノキアのシェアに及ばずに撤退するなど，メイド・イン・ジャパンは惨敗を喫したことがある。

　日本市場にだけ売れて進化したせいで，日本の携帯電話はガラパゴス化製品の代名詞と揶揄されたのである。

　実に，世界市場となると，国内での場合と状況は変わってくる。たとえば，2014年の携帯電話端末の市場シェアで，サムスン電子が４億500万台を販売し第１位であった。これに続く世界シェア第２位はアップル，第３位はレノボであり，メイド・イン・ジャパンのブランドは見当たらない。

　自動車の市場では，どうなるであろうか。2014年の日本の新車販売トップ10をみると（自販連および全国軽自動車協会連合会のデータ；１月〜12月），軽四輪車が７車種（１位ダイハツTanto），ハイブリッド車が２車種（２位AQUA，４位Prius），ガソリン車が小型１車種（３位ホンダFit）の内訳となっている。

　では，日韓比較に移ろう。韓国の新車販売に占める軽四輪車の比率は，11.9％で（2014年），日本の約40％と比べものにならないほど低い。また，新車販売トップ10の内訳では普通車が８車種，軽四輪車が２車種，エコカーはゼロとなっている。韓国の軽四輪車規格が排気量1,000ccであることから，日本の自動車市場の目立った現象がみて取れる。

　日本で軽四輪車の普及が進む背景には何があったか，またこのような傾向が今後も加速するかどうかについて検討してみよう。第4章でみてきたように，1人当たりGDPが1,514ドルである新興国インドで（2013年）スズキの軽四輪車アルトが圧倒的な人気であることの理由は直接参考にならない。しかしながら，インドの事例は，実質賃金の上昇がさほど起こらないという意味において，先進国日本の市場をみる際にヒントとなる。

「縮み」志向のものづくり

　軽四輪車の販売が堅調な理由は，おおむね2通りで説明がつく。1つ目は，日本独自の規格が定着したうえ，バブル崩壊後長期にわたって所得上昇が生じなかったことである。消費者の実質所得が減少した場合，内需が縮小するのは必然である。こうなるとメーカーは低価格車の比率およびその供給を拡大し，シェア競争に入るようになる。結局，企業にとって収益率の低下は免れない。極論すると，内需が低迷した主たる要因は基本的に企業側にあると同時に，その悪循環を断ち切ることができるのも企業側である。

　元来，日本の企業は，実質賃金の上昇をできるだけ抑え，そこで確保した利潤を設備の拡充や研究開発に向け，世界最高の技術と新製品を作り出した。品質の良い製品を作ってさえおけば，輸出市場においては，間違いなく売りさばかれた。ここまでが，日本の製造業の黄金時代，メイド・イン・ジャパンの物語であった。

　先の携帯電話端末の例で，日本の製品がガラパゴス化するという危惧が紹介されたが，これは，どの国の製品でも国際競争にさらされた初期の場合は，同じ境遇に直面する。ただ，諸外国と日本とで決定的な違いが存在するという事実に対しては認識を改めておく必要があるように思

える。

　1980年代初頭に，李御寧氏は日本人の持つ細かく詰める技を文化的考察で論破したことがある（『「縮み」志向の日本人』1982年を参照）。

> 「自動車においても，日本がついにアメリカから自動車王国の座を奪ったのも，小型自動車でいったからこそ，ノーマン・マックレーの予言どおりになったのです。トヨタのクラウンが米国に上陸するときのそのスローガンは他ならぬ『小さいキャデラックをつくる』というものでした。ですからドアを閉める際の音もキャデラックの重厚な感じそのものなのです。ドイツのフォルクスワーゲンはただの小型車ですが，日本のそれは大型車を縮めたものですから，もっと人気を博したのだといえます。」（李御寧，235頁）

　この引用部分がいおうとするのは，限られた部面においてありとあらゆる工夫を凝らしてモノを造りたがる日本人の志向が架空ではなく実在の形態であるということである。

　筆者は，本書の全編を通して，日本的ものづくりの対極に「膨らみ」志向ともいうべき韓国的ものづくりを据えることによって，韓国の製造業の競争力を特徴づけている。

　論点になるのは，日本の製造業では，依然として過去のようなものづくり型を踏襲している点である。内需の規模に安住したあまり，外国の消費者の嗜好とはかけ離れたものづくりで市場攻略に挑んでいる。結果的に，海外で受け入れられる製品分野とそうでない製品分野に分かれるのが必至である。

　読者の方に，第3章で議論を深めたことのある，「詰め合わせ型」ものづくりの現状と定義を思い起こしてほしい。メイド・イン・ジャパン

　であっても，ガラパゴス化せずにすむ比較優位の分野として日本のインフラや重工業の分野を取り上げた。日本の重工業が単なる重厚長大産業でなくなってきていることが日本の製造業の再生に大きなメリットとして作用するであろうと展望したのである。

　他方，自動車ものづくりにおいては，その進歩が，エンジンを含むパワートレーン系統の飛躍的な技術革新にもかかわらず，価格弾力性の高さ故に，市場需要の掘り起こしに苦戦している状況である。

2　エコカー技術は消費嗜好を変えるか

エコカー市場の現状

　三菱自工は，2009年に他社に先駆けて i‐MiEV を発売した。電気自動車（以下，電気車）の先駆けを自負していた。雨後の筍の如く，他社も電気車の開発・発売ラッシュをなしていた。当時の値段は何と400万円台で，どうにも売れそうな車になっていなかった。図表7‐1で示すように，電気車の価格が，安いもので226万円から上級仕様の823万円まで出揃っているが，最もポピュラーなガソリンエンジン搭載車のカローラ（143万円）と比べて格段の高さであることが分かる。

　現在，電気車の売れ行きは芳しくない。消費者の購買意欲を引き寄せるには，クリアしなければならない課題がいくつかある。

- 車両価格において軽四輪車に見劣りする（ポジショニングの問題）
- 長距離走行が保証できないので使い勝手が悪い（技術的な問題）
- 環境負荷問題が電気をつくる発電過程で発生する（負の外部経済）

　このなかでも，バッテリー製造技術の限界が現段階で最も大きな課題であり，当面は乗り越えらえる見込みがないと指摘されている。名古屋工業大学の中村隆教授のグループによる工学的実験結果でも電気車の実

図表7－1　乗用車のエンジン類型別価格（消費税8％込み，2014年）

電気車（EV）	ブランド	発売年	標準価格（円）	走行距離
Tesla Motor	Model S	2012	823万（＄7万）	500Km
三菱自工	i-MiEV	2009	226万	180Km
日産	Leaf	2010	287万	228Km
トヨタ	eQ	2011	360万	100Km
ホンダ	Fit EV	2012	400万	225Km
GM	SparkEV	2013	（＄3万）	132Km
燃料電池車（FCV）				
トヨタ	Toyota FCV Sedan	2014	756万	
ハイブリッド車（HV）				燃費
トヨタ	AQUA（1,500cc）	2011	175万	37Km
トヨタ	Prius（1,800cc）	1997	223万	32.6Km
量産ガソリン車				燃費
トヨタ	Carolla（1,300cc）		143万	／
軽四輪車				燃費
ホンダ	N-Wagon（660cc）		116万	29.2Km
スズキ	Wagon R（660cc）		108万	32.3Km

（注）データの違いにより実際の値と異なる場合がある。
（出所）各種資料より筆者作成。

用性に疑問符が付されている（コラム7－2参照）。

　電気車の場合は，エコカーのメリットである燃費性能（環境負荷低減）が測り難くなるため車両価格の上昇につながり易い，という問題に注目している。というのは，ガソリンエンジン搭載の車両であれば，低価格の軽四輪車の使用でも燃費効率のメリットが得られたのに，電気車になるとすべての所得階層に満足が届かなくなる，ということである。

　この点については次節で詳細に議論したい。

エコカー開発に潜む諸問題

　それでは，最近話題になった燃料電池車の開発についてみてみたい。

　トヨタは，2014年末にToyota　FCVを発売した。販売価格は756万

円に決まり，そのうち200万円は補助金で賄われると発表している。顧客は500万円程度の支払で成約できる，という計算であるが，まずは車両価格の高さに驚かされる。

　経済産業省など関連省庁の念入りの環境政策であるから，産業界の先行技術開発に対して一種の補助金を与えることは悪いことではない。しかし，エコカー政策が納税者への負担増を前提に策定されたことなら納得がいかない。

　税金負担という問題とは別に，もっと不可解なのは，今の新車販売の車種の大宗は300万円を切る程度の車ばかりである。実に500万円相当の燃料電池車を買える顧客層は極めて薄く，内需拡大に資するとはとても考えられない。ここで，環境政策と実体経済の隔たりが透けてみえるのである。

　次にハイブリッド車について考えてみよう。日本の乗用車販売の平均単価は230万円程度といわれている。トヨタのベストセラーであるプリウス（223万円）が，230万円台説をぎりぎりでクリアし，国内新車販売ランキングで3年連続トップの座に就いていたアクア（175万円）はガソリン車の王者カローラ（143万円）の領域まで接近している。

　トヨタは，1997年にハイブリッド車を発売して以来，長年の技術蓄積を駆使して全面的なハイブリッド化を進めてきた。2014年末現在，日本市場におけるメーカー別ハイブリッド車種の数は，トヨタ26車種，ホンダ10車種，日産4車種，BMW3車種，メルセデス・ベンツ2車種，マツダ1車種，富士重工業1車種，となっている（「日本経済新聞」2015年4月8日）。

　トヨタの先攻でエコカー時代が幕を開け，ガソリン車とハイブリッド車の2つのラインアップが完了を目前にしている。これは，トヨタのものづくりの成果であるとはいえ，見方を変えれば，トヨタの焦土作戦で

全国統一が差し迫ったことを意味する。

　経済産業省や地方自治体の支援を受けて急速給電スタンドの設置が進められてはいるが，エコカーの普及を政策目標に掲げると，その数値だけが実態経済と乖離して独り歩きする蓋然性が濃厚となった。

　各国政府がこぞってエコカー開発に加勢しているなか，電気車や燃料電池車の開発をめぐってメーカー各社が情報戦を展開している。メーカー側にとっては，巨額の研究開発費によるリスクをどう軽減するかが悩みの種になりつつある。

　ちなみに韓国政府も，日本での傾向と同様に，エコカー減税をもってハイブリッド関連車の開発を後押ししている。2014年の韓国市場でのハイブリッド車の販売は34,516台で乗用車全体の2.5％を占めている。実に，約100万円（1,000万ウォン）の補助金が付けられている状況である。

3 「エコカー技術革新V字罠」仮説

従来型エンジンの有用性

　上述した通り，燃料電池車の発売にまつわる最も大きな課題は，高価であること，すなわち水素をつくるときの熱効率が悪い分だけ，その装備の値段が高くなるという点である。燃料電池シェルを運ぶ車になっているとの辛辣な批判が後を絶たない。明らかに，現在の技術水準では実用性を欠いている。

　以下では，電気車と燃料電池車が社会的受容性に符合しているかどうかについて検討したい。図表7－2は，技術革新（走行性能・燃費性能・環境負荷低減）を横軸に，エンジン種別の価格（所得水準）を縦軸に取り，技術革新と価格との相関関係を表したものである。

　まず，ディーゼルエンジン搭載の乗用車のケースを除く，ガソリンエ

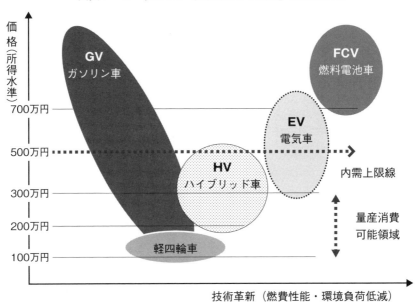

図表７−２　「エコカー技術革新V字曲線」と断層構造

（出所）図表７−１などより筆者作成。

ンジン車系統の市場特性についてみてみよう。

ガソリン登録車の場合

　小型車から上級仕様の大型車まで広い領域に分布する。価格はサイズが大きくなればなるほど上昇する一方，燃費は逆に悪くなる傾向がある。ガソリン車は，価格の変化に燃費性能が反比例する形の領域に分布する。ただ同じ価格帯の車であっても，技術進歩の度合いやメーカー各社の設計仕様次第で燃費に差が出ることはある。車種のバラエティが演出できる分野である。

　したがって，その分布は真ん中が膨らんだ楕円の形状をしていると考えられる。こうした点がガソリン車の持つ最大の利点であり，排ガス規

制や環境保護意識が浸透するなか，サイズの小さい車の使用が推奨される。

軽自動車の場合

軽四輪車は，規格規制とそれに伴う低価格仕様という本来のものづくり思想により，豊富な品ぞろえが難しい分野である。こうした性格のため，ガソリン登録車の領域の右下に横たわった形で分布することになる。近年，従前のガソリンエンジン搭載車の技術基盤を生かした環境対応車が次々と発売され，手頃な値段の車を求める顧客層に広く受け入れられている。

スズキのベストセラーカーであるWagon-Rの燃費は32.3km/Lで，トヨタのハイブリッド車Priusの32.6km/Lと比肩できる値であるほど，確かに，軽四輪車は低成長社会に適合している。

ハイブリッド車の場合

ガソリンエンジンとバッテリーを兼用するメリットから注目を集め，日本では圧倒的な支持層を持つエンジン類型である。ハイブリッド車は，環境基準をクリアし易い構造を持っている反面，ガソリンエンジンを搭載しなければならないという面ではガソリンエンジン搭載の車両の領域から離脱していない。トヨタのAQUAは37km/Lという世界最高の燃費性能を実現しているなど，その技術革新に驚嘆を禁じ得ない。

実に，日本の市場はハイブリッド車中心に塗り替えられていくと予測される。しかし，仮に内需が今のままで変わりがなければ，途方もなく進む技術革新のパフォーマンスの捌け口が行き詰まってしまう恐れもあり，新規需要の掘り起こしが可能かどうか，この点が最大の課題である。

エコカー市場需要の断層構造

私たちは，先にみてきた軽四輪車の領域を変曲点（カーブの谷部分）

としてハイブリッド車の方に技術革新が進展すると向きが変わってくることに気付く。さらに進んでいくと，異次元の技術体系の領域に入る。

　以下では電気車や燃料電池車の特性についてみてみたい。

電気自動車の場合

　車軸や車体に電気モーターでなるエンジン・パワートレーンを付ければ，走る，回る，止まるの自動車本来の機能を果たすことができる。給電と給油は共に別の設備を必要とするから，仕組みとしてはガソリンエンジン搭載の車と変わらない。

　しかし，給電にはバッテリー装置を備え付けることが欠かせない。このような技術体系がガソリン車のそれと根本的に違うところである。さらに重要なのは，安心して乗れるかどうかの社会的・経済的受容性において，ガソリン車やディーゼル車とは次元を異にしている点である。

燃料電池車の場合

　給電装置を持たない，内蔵した電気モーターで走る車だが，メーカー各社にとって開発戦略に見通しがつかない未開拓の分野である。2013年に，韓国の現代自動車が世界初の開発を発表した。2014年12月に，トヨタは燃料電池車を発売した。前述したように，上級車並みの製造コストや高価格の領域であるため，ここでは論外の扱いとしたい。

　それでは，自動車の種別特性と問題点を踏まえて，現在のエコカー技術開発の全体像をまとめておこう。

- ●ガソリン車領域が描く下降線は，軽四輪車領域を変曲点として，ハイブリッド車領域からはＶ字曲線の形状に変り，上昇線に反転することになる。これは，ハイブリッド車の領域になると，車の価格（所得水準）が燃費と比例関係に変わる。上級車に乗ることが環境に寄与する格好に転換する，という皮肉な現象を引き起こすという

ことが予測可能である。

- 電気車に移行すると，急に大きな溝，ここでいうギャップが出てくるのである。技術体系上の隔たりを表すもので，Ｖ字曲線はここで途切れる。さらに，燃料電池車の領域に移行すると，もう１つのギャップが現われる。理想的と期待されたＶ字型技術革新が，谷からの登りの３合目（ハイブリッド車領域の次）で大きなギャップに差し掛かって進展が遮られる。また，次の６合目のところで，燃料電池車との間の巨大なギャップが存在する，という現実的な課題を説明する必要がある。

- Ｖ字型の不完全な技術革新曲線上の２カ所のギャップの存在から，筆者は「エコカー技術革新Ｖ字罠」仮説を提唱しておきたい。技術革新の現状分析から汲み取ったＶ字型技術革新の限界は，幾度のブレークスルーを通さずにはクリアできない。せいぜい，ハイブリッド車領域までが現在の到達点であり，曲線上の山の３合目と４合目の間にあるギャップ（＝罠）にはまらずに飛び越えるには，相当の技術蓄積と膨大な開発費が必要となる。これらのノウハウと資金を保有するメーカーは，トヨタくらいしかないように思える。その他のメーカーは困惑ばかりしている。

エコカー技術は需要を増やすか

　日本の自動車新車販売状況をみると，2007年に乗用車販売トップだったカローラ（147,069台）が2014年には12位に下がり（114,331台），首位の座を軽四輪車のダイハツTanto（234,456台）に譲り，２位AQUA（233,209台），３位Fit（202,838台），４位Prius（183,614台），５位N-Box（179,930台）となっている。

　軽四輪車，小型ハイブリッド車，小型の大衆車の販売が主流となって

いる。それ以外の車種は，ガソリン車ラインアップの旧設備を使い続けるかたちで造られているのが実情なのである。

　図表7－2の100〜300万円の範囲は量産消費可能領域となっている。500万円台を超えると，ガソリン車のクラウンの購入が可能となるので，この辺りは内需上限線に該当する。500万円を超過する車種や，技術体系が異なる電気車や燃料電池車の販売は，市場メカニズムと切り離して扱うことが妥当である。

　電気車の普及においては，給電インフラが充分に整備されていなければ，本来利器であるはずの車がかえって迷惑な存在になる。燃料電池車の普及も電気車の場合と大同小異の問題を抱えている。特に燃料電池車は工学的な技術体系が単純である反面，車両価格・水素ステーション整備・水素価格といった製造コストの負担が重いため，補助金の付与で初めて成り立つ製品となっている。政府が購入代金の相当分を肩代わりすること，すなわち，環境保護と燃費規制の名分のもとで納税負担を強いる仕組みは社会総意の醸成が必要な領域である。ところが，各メーカーは自社の技術的成果や面子を全面に打ち出すあまり，「エコカー技術革新V字曲線」の実在とその罠の恐ろしさを見過ごしている。罠の存在について知っていても，走り出してしまったあまり，急に止められない状況にあるかも知れない。

4　むすび

　1896年，ヘンリー・フォードは，親会社のエジソン会社の社長トーマス・エジソンに初めて会い，バッテリーを取り付けた自動車の製作について意見を交わしていた。駆動用バッテリーの重さを取り上げながら，ガソリンエンジンに用いる電気スパークの可能性をアピールした。エジ

ソンは大いに賛同し，こう答えたという。

　「君の自動車は自給式だ。電気自動車は発電所の近くでしか走れない。蓄電池は重過ぎる。」（H.フォード，16頁）。

　エジソンとフォードは誰よりも先に電気車の問題点について悟っていた。これを契機にして電気車の開発は世の中から姿を消したのである。彼らの考え方は現在も基本的に変わっていない。バッテリーの製造技術は新素材の採用や軽量化で飛躍的に発展してきたが，蓄電・放電にかかわる動力効率の問題はネックとなっている。

　本章で初めて提唱する「エコカー技術革新Ｖ字罠」仮説は，科学技術の進化と実体経済への適用とのタイムラグやズレを着目点にして立てられた。ガソリン車，ハイブリッド車，電気車，燃料電池車間のプロダクト・ライフサイクルの不連続性が需要のギャップをなしている。このギャップは第1章で議論した「テクノ・アーティクレーション」（技術進化の連続性）の駆使とその成功次第で飛び越えられる。開拓者リスク（Pioneering risk）は極めて大きいが，技術革新の可能性は無限である。

　世界では今，エコカーの技術開発と普及速度をめぐって総論賛成・各論反対の「ＥＶ論争」が広がっている。消費者や市民にとってメリットのある自動車，メーカーにとって納得できる自動車，さらに環境保全に資する自動車に向けた制度的な調整に足並みを揃えないで，自動車産業の業界は混迷している。

コラム7−1　Nikola Tesla，EV車に蘇る

　N．テスラ（Tesla）は，発送電システムにおける直流と交流の技術的優位をめぐって，電流の「交直論争」を誘発した人物である。
　当時「直流システムを発展させたエジソン会社に対して，有能な

技術者ニコラ・テスラを擁して交流システムを開発してきたウェスチングハウス社が，直流と交流との優越性に関して大論争を展開した（橋本毅彦239頁）のである。「直流の電動機は立ち上がりにも強い力を発揮する。だから電車などの電動機を使う電力の消費者には，直流が有利だった」（同240頁）という。交流は変圧が容易で長距離送電に適しているため，「交流が直流に取って代わる」標準化の過程のなかで，エジソンとの確執は終焉した。

　ところが，テスラの名前が現在では電気車の代名詞，Teslaの社名・ブランドに蘇り，「ＥＶ論争」の渦中にある。テスラの電気車陣営は，フォードに象徴されるガソリン車100年余りの歴史に終止符を打つことができるだろうか，その帰趨が注目される。

コラム7－2　日本のエコカー市場展望

　本章で初展開した私の「エコカー技術革新Ｖ字罠」仮説を裏付ける研究結果がある。それを紹介しておきたい。

　トライボロジー技術研究分野で著名な中村隆教授（名古屋工業大学）は，自動車問題研究会で，摩擦損失の削減が燃費向上に寄与するという論の貴重な講演を行った（「普通車の燃費向上とＨＶの将来性，ＥＶの可能性」2015年4月15日）。

　中村教授のグループは丹念な実験データに基づいて，ハイブリッド車や電気車などの実用性について3つの暫定的な結論を出している。要点は次の通りである。

　ガソリン普通車について　全摩耗損失の削減による燃費寄与率が，車体軽量化による燃費寄与率より高い値を保つ。タイヤを含む，パワートレーン系統の燃費削減対策の方がより効果的である。

　　　ハイブリッド車について　ハイブリッド化と摩耗損失削減による燃費改善効果は，普通車よりも大きい結果が得られる。将来，ハイブリッド車が先進国で主流になる。プラグイン・ハイブリッド車（PHEV）は，燃費規制対策でしかない。

　　　電気自動車について　電気車の経済的効率（1km走行時）はガソリン車10円，ハイブリッド車6円（うち2円は税金），電気車2円（深夜電力使用の場合）であるが，給電スタンドの普及がネックとなる。電気車は，近距離利用が中心となる。

　　　中村教授は，燃料電池車については，コメントを控えていたが，高価である問題点をほのめかしていた。後に，教授より送られてきた『トライボロジスト』掲載予定論文は本章のまとめに大いに参考となった（中村2016）。

【ディスカッション】

［1］　軽四輪車は，ハイブリッド車とは代替財の関係か，それとも補完財の関係かについて考えてみよう。

［2］　電気車が抱えている諸課題はクリアできるか，納税者の立場から検討してみよう。

［3］　トヨタ自動車は自社所有のすべてのハイブリッド技術を無料提供すると発表した。その動機と波及効果について考えてみよう。

【参考文献】

李御寧『「縮み」志向の日本人』学生社，1982年。

李泰王「韓国自動車産業の将来展望－家電に続く世界トップ実現は可能か？－」自動車問題研究会東海支部第294回定例会，講演資料，2013月8月28日，フォーイン社（名古屋）。

佐伯靖雄『自動車の電動化・電子化とサプライヤー・システム − 製品開発視点からの企業間関係分析−』晃洋書房，2012年。

中村隆「普通車の燃費向上とHVの将来性，EVの可能性」自動車問題研究会東海支部第314回定例会，講演資料，2015年4月15日，フォーイン社（名古屋）。

中村隆「トライボロジー技術の進展による自動車の省エネ」『トライボロジスト』第61巻第2号，日本トライボロジー学会，2016年2月。

橋本毅彦『「ものづくり」の科学史−世界を変えた《標準革命》−』講談社，2013年。

ヘンリー・フォード『ヘンリー・フォードの軌跡』豊土栄訳，創英社・三省堂書店，2000年。

第8章 自動車産業のカーボンニュートラル化

　2050年カーボンニュートラルの実現に向けて各国の動きとメーカー側の取組みが活発化している。現実には，電気自動車（ＥＶ車）や燃料電池車（ＦＣＶ車）の普及は思い通りにいかない。バッテリーの改良，電気や水素など二次エネルギーの製造やステーションの整備など解決しなければならないハードルも多い。これは，経済利益と公共の利益とのジレンマがエコカーの技術開発と市場形成の前途にのしかかっていることを意味する。

　そこで本章では市場調査を通して電動化の理念や目標が市場でどのように実現しているかについて検証する。分析の対象はガソリン登録車，軽自動車，ハイブリッド車（ＨＶ車），ＥＶ車，ＦＣＶ車，ディーゼル車の計100車種である。本章は，拙稿2020をもとに作成したもので，本書第２版に新設されている。

　考察のポイントは以下３点である。

- ●ディーラー店へのインタビュー記録と公式仕様のデータを利用して，動力種別における価格と燃費性能との相関関係を分析し，それぞれの市場特性を捉える。
- ●ＥＶ車の普及が進まない背景の一つとして，組み合わせ型ものづくりを基盤とするＥＶ車製造に必要な生態系の形成が遅れている可能性を探る。
- ●「エコカー技術革新Ｖ字罠」仮説に依拠して，エコカーの技術進歩の限界とハイブリッド化が表裏関係にあることを検証する。

　本章の目的は，市場需要を決定する所得制約と技術革新・環境性能の制約という大きな課題について考察することにある。

1　日本の自動車市場の動向

ガソリン登録車の市場

　ガソリンエンジンを搭載した乗用車は依然高い人気である。メーカーにとっては裾野の広い産業基盤に支えられ多彩なラインアップの演出ができること，消費者には所得に合わせた選択肢が多いこと，など需給両サイドの利害が折り合っている。

　サンプルのうち，ガソリン登録車38種は，低価格車のMARCH（115万円・21.4km/L）から上級車レクサスLS500（994万円・10.2km/L）まで広い範囲に分布している（2019年4月基準で8％税込み価格。以下同じ）。スズキSOLIOは，最も良い燃費を誇り，24.8km/L（145万円）の性能まで達している。サンプルにおいて，ガソリン登録車の燃費性能の上限は25km/Lとなっている。マツダが直列6気筒エンジンの開発再開を発表するなど，摩耗・熱効率・動力伝達システムに関する技術開発は現在も進行している。

図表8－1　ガソリン自動車の価格と燃費性能

(a)　ガソリン登録車　　　　　　　(b)　軽自動車

（注）ガソリン登録車38種，軽自動車20種が対象である。

軽自動車の市場

　軽自動車20種を調べてみると，スズキAltoが最低価格と最高燃費を記録している（84万円・37.0km/L）。上級仕様にはホンダS660ターボがある（198万円・21.2km/L）。シリンダーの排気量が小さいほど燃費性能が良くなることが大きな特徴である。軽自動車の価格帯は，660cc排気量規制や車両サイズ規制を受け200万円を切ることになる。しかし価格帯で登録車と重複する部分があるため，軽自動車メーカーは製品差別化やラインアップの充実化の問題で苦しい立場に置かれている。

　スズキの鈴木社長は軽自動車の使用実態を表すキーワードに①地方，②女性，③高齢者を取り上げている。また軽自動車の技術的貢献として「自動車の技術的な進化，発展は上級車から徐々に大衆車，軽自動車へと普及していくことが一般的ですが，一方で軽自動車が先鞭をつけ，その後上級車へ普及した技術も多数」（鈴木俊宏，3頁）あるとしている。さらに，一層の燃費向上が求められるなか，新技術導入に伴うコストアップに対して，「軽自動車の成り立ちの基本である，〈低価格〉という側面への影響も考慮しなければならない現実」（鈴木，3頁）にあると述べている。

　日本における軽自動車の意義について「2015年度軽自動車の使用実態調査報告書」（日本自動車工業会，2016年3月）は次のように紹介している。①軽乗用車のユーザーは65％が女性である，②軽乗用系ユーザーの年齢層のうち，60歳以上の割合は1993年に比べて約4.5倍増加している，③軽乗用系ユーザーの所得階級別では，約4割が世帯年収400万円未満である，などが綴られている。

　国内新車販売台数の車名別ランキングをみると（2018年度），上位10車種のうち，軽自動車が2年連続7車種を占めている（日本自動車販売協会連合会，全国軽自動車協会連合会）。上位1〜4位までを軽自動車

が占め，登録車では6〜8位にノート，アクア，プリウスが入っている。

電気自動車の市場

　日本では三菱自動車が量産型ＥＶ車の開発に先鞭をつけていた。ベンチャー企業のテスラ（Tesla）はゼロエミッションを掲げた上級仕様ＥＶ車を発売した。これが開発競争に火をつけるきっかけとなった。以降，ものづくり型が単純なため異業種から参入が殺到した。

　ＥＶ車7種の価格と航続距離を見てみよう。環境負荷がゼロであるというイメージのもとで，ＥＶ車の価格と航続性能は比例し，貧富の格差を助長している，といった声があがるほど高所得層に有利な車種である。減税や補助金などが当てられているため，ユーザーでない納税者に増税の負担を転嫁するといった不条理が発生しかねない。

　ここで，バッテリー開発の懸案を捉えた研究結果を紹介したい（金村聖志，29頁）。

① エネルギー密度を重視するか，それとも出力密度を重視するか，という両面的な技術的限界が存在すること

② 航続距離を確保するために電流値を小さくすると，より多くの集積（モジュール）が必要となり，電気容量に比例して，搭載する電池の体積が増えること

③ ＥＶ車用電池の高性能化に向けて「エネルギー密度の向上のためには新しい材料が必要である。電池研究と材料研究を両輪にして」いくこと，などを述べている。

　要するに，バッテリーの技術水準が一定の場合，実用性と車両軽量化を同時に追求するのは極めて困難であり，バッテリーモジュールの重層化に伴い車両価格が高くなることが指摘されている。

2　ハイブリッド電動化の現状

ハイブリッド車の市場

　ＨＶ車30種では，低価格車ＩＧＮＩＳ（138万円・28.8km/L）から上級車レクサスＬＳ500h（1121万円・16.4km/L）まで分布している。ＨＶ車はガソリン登録車の燃費性能（9.0〜24.8km/L）に比べて6.6〜14.2km/Lぐらいの差で優位を保っている。同級ガソリン車に比べると，グラフが右上にシフトしていること以外は，ほぼ同じ形状である。

　各国政府は現在，内燃機関車の使用禁止を定めた目標年度を発表し環境規制を強めている。こうしたなか，日本の自動車メーカーはトヨタを筆頭にＨＶ車の普及に力を注ぎ，次世代エコカーへの移行に備えている。

図表8－2　ハイブリッド車の価格と燃費性能

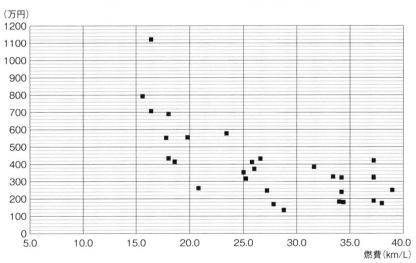

（注）ハイブリッド車30種が対象である。

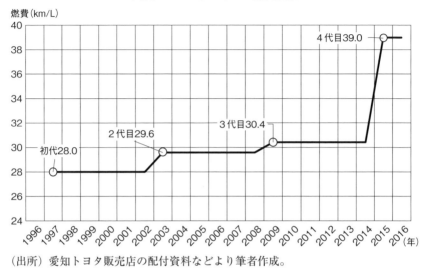

図表8－3　プリウスの燃費性能

（出所）愛知トヨタ販売店の配付資料などより筆者作成。

1997年12月，世界初となる量産型ＨＶ車プリウスが発売され，2015年には４代目の発売に至った。

　近年のプリウスの売れ行きをみると，ピーク時の2011年310,484台から減少に転じ，2018年には115,123万台まで落ち込んでいる。リットル当たり39kmの燃費性能からさらに前進させることは至難の業であり，開発部隊の腐心は深まるばかりである。この事態を食い止める対策が多面的に講じられていた。トヨタは2025年をめどに約60車種を半分に絞ることと販売店ディーラーの４チャンネルの垣根を撤廃することを打ち出した（2018年９月）。また全車種の電動化（ＨＶ車，ＰＨＶ車，ＦＣＶ車）を前倒しすることを決めた。

プリウス革命は今後も続くか

　確かにトヨタは技術開発の成果を目に見えるかたちで商品化し，開発戦略に対する信認度や対顧客信頼を高めている（図表8－3）。実際プリウスだけの改善サイクルにとどまらず，姉妹車AQUA（1.2L）の発売，3代目から4代目が発表される間の2012年にプラグインハイブリッド車（PHV）を，2014年に量産型の燃料電池車ミライを発売した。

　水谷論文によると（水谷良治，288～291頁），プリウスの20年にわたる技術革新は，バッテリー技術によるものだけではなく，トランスアクスルとモータ構造の技術的改善による効果も大きかったと記されている。トランスアクスルケース内に組み付けられるプリウスのモータは，①トポロジー設計課題と発熱量の低減による小型高出力化，②電力消費の定量的な低減による高効率化，③工程品質の改善による生産性向上（低コスト化）により進化を遂げできたことを報告している。

　ここで，バッテリー単体性能と車両の燃費性能との関連性に関する実験結果を紹介しておきたい（鈴木・小鹿・山口，1291頁）。耐久要件80,000km以上走行した車両の燃費悪化が僅かであったこと，HV車に搭載するバッテリーの劣化がHV車の普及に制約条件になるとは限らないということ，したがって，バッテリーの性能がHV車の燃費性能に相当な影響を与えることは見られなかった，と結論付けている。

　トヨタは2019年4月に電動化技術特許の無償開放を発表した。しかし6年ごとに披露してきたプリウスのプロダクトサイクルに乱れが生じている。次の5代目にあたる新車の発表は2022年11月16日に行われたが，燃費を維持しながらパワーアップを実現したことが判明した。とはいえ，プリウス革命の継起的創造に対する市場の関心は相変わらず高い。

3　検証：「エコカー技術革新Ｖ字罠」仮説

ガソリン車系統の市場分析

　図表８－４は，図表８－１と８－２を結合したものである。ガソリン車種３系統（登録車，軽自動車，ＨＶ車）88車種の価格と燃費性能を同じグラフにプロットし，３つの近似曲線で示してみた。ガソリン車の曲線と軽自動車の曲線は，重複する領域はあるが，全体としてはガソリン車の特性を共有している。二つの曲線を一つに結び付けることも可能である。

　では登録車・軽自動車の曲線が何を意味するだろうか。この曲線は，技術革新の進行次第で右へ水平移動すると思われるが，実は開発コスト

図表８－４　ガソリン車系統の価格と燃費性能

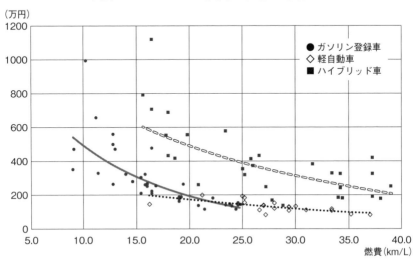

（注）　図表８－２と８－３を結合した図である（2019年４月基準）。

がかさみ，右上にシフトしている。CO_2排出という本質的な課題を背負う内燃機関車が相反する性能である出力（排気量＝価格）と燃費（技術革新）の両立を可能にするのは不可能に近い。

　こうした懸念はＨＶ車の登場により相当解消された。トヨタは，機械的メカニズムの改良と同時にモータや最新の駆動用バッテリーを採用することで，小型車を中心に燃費性能を画期的に向上させている。ＨＶ車の曲線をみると，ガソリン車の曲線を右にシフトした形状をしている。これは，同級の車両であれば，ＨＶ車の燃費がガソリン車の燃費をおよそ10㎞/Lぐらい上回ることを示している。

　ＨＶ車の開発における環境負荷の改善と消費者の負担とは明らかにトレードオフの関係にある。トヨタでは，ガソリン車種系統とＨＶ車種系統の二重ラインアップを構え，ダブルスタンダード戦略を採らざるをえなくなった。

「エコカー技術革新Ｖ字罠」仮説を検証する

　第７章で紹介したように，プリウスの出現でガソリン車系統の曲線が右へ伸びていくだろうと予想されていたが，しかし，エコカーの技術革新の全容を示すＶ字型技術革新曲線では不連続性が現れた。内燃機関車系統と電気車系統の間に２つの隔たりが存在していたのである。筆者はこうした現象を「エコカー技術革新Ｖ字罠」仮説として提唱している（本書2016年版）。

　軽自動車の領域から登り３合目で（ＨＶ車領域の右端）大きなギャップに差し掛かって進展が遮られること，次のＥＶ車領域の６合目で（ＦＣＶ車の領域）新たなギャップが現れることが挙げられる。このような不安定な市場構造は必然の課題であると規定したうえ，現在のＨＶ車の燃費性能までが技術革新の到達点であると判断した。

　では，この仮説を現在の日本の自動車市場の実態に照らし合わせてみたい（図表8-5）。

　図(a)は第7章図表7-2を模式に変えたものである。図(b)には，検証の対象であるガソリン車系統88車種の曲線に加えて，比較の便宜上，燃費性能の測り方の異なる電気車系統9車種の座標を同一の象限にプロットしている。

　変形した図(b)からいくつかの特徴が見られる。

　第一に，驚くことに，ＨＶ車曲線が右へ伸びずに左上の方向へＵターンしている現象である。従来のガソリン車の領域を上から包囲する格好で浸透する形状となっている。新車の平均購入価格が230万円前後で推移する日本の現状では，エコカーの開発コストや価格の高騰が受け入れ

図表8-5　「エコカー技術革新Ｖ字曲線」の変化

(a)　図表7-2と同じ形状の曲線　　　　(b)　変形した曲線（2020年）
　　　（2013年，2016年）

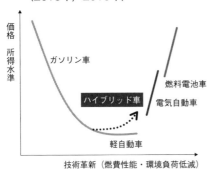
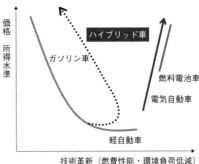

（注）技術体系の異なる3系統を同一の象限に表すことはできないが，比較するために模式図にして補正した。
（出所）李泰王2020，21頁図15を引用。

られない状況を示す。これは，ダブルスタンダードのガソリン車系統が市場を支配し続ける，ということを暗示している。エンジン搭載の自動車ならではの苦悩が垣間見える。

　第二に，ＥＶ車曲線では，両端は伸びているものの，その傾きが垂直線に近い状態となっていることである。出力（バッテリーモジュールの集積）と燃費性能との相関関係が見受けられず，出力と充電時間・電気代との間でも相関は曖昧であることを表わしている。いずれにしても潜在的需要を見込んだ業者が，極小型または上級車種のＥＶ車市場に多数参入し，業界が乱立している市場である。

　以上，筆者の仮説は，市場の変化を把握する有効なフレームワークとして，日本の自動車産業におけるハイブリッド化は当面社会的受容性を反映した戦略であったことを裏づけている。

4 むすび

　トヨタのＦＣＶ車ミライの標準車両価格は2019年4月12日現在727万円である。さすがに高価な車である。ところが，渦中で政府は「水素社会」の実現を謳っている（2014年第4次エネルギー基本計画）。政府は，CO_2排出量の低減のためのロードマップにおいて，ＥＶ車化推進で2030年までに2015年ガソリン車基準（132g/km）の44％の削減（41g/km）を掲げている（エネルギー白書2018年版，116頁）。2015年に，4代目プリウスで60.0g/kmを達成するなど，メーカー各社はエコカー開発に向けて凄絶な戦いを続けている。

　本章では，技術・環境・エネルギー・市場の視点からエコカー技術革新の成果について検証を行った。

　まず，内燃機関車の価格と燃費性能の推移について分析した。ライン

アップが豊富なガソリン登録車，低価格で利便性に優れている軽自動車，燃費性能を極めたＨＶ車は同一の技術体系を背景にして安定した市場を形成している。特にＨＶ車と軽自動車はエコカー時代に進入する時に起こりうる需要の空白を埋めている，という実態が明らかになった。次に，ＥＶ車の普及については可能性および課題を多面的に捉えた。ゼロエミッション仕様という建前とは裏腹に発電の段階で発生する環境負荷が少なくないこと，高価な製品特性を持っていること，など課題は山積していた。

　こうした日本の現状は，内燃機関車の製造に携わる事業者や従事者に安心感を与える一方で，新しいエコカー生態系の形成に後れをとるという不安を内包している。

　本章では，エコカー政策と技術開発の両面における諸課題を明らかにすることで，「エコカー技術革新Ｖ字罠」仮説の有効性を立証することができた。ただ，ＦＣＶ車を含む電気自動車の市場の展望については限定的な見解を示すことにとどめている。

　末筆ながら，ＥＶ車や人工知能（ＡＩ）搭載の車が町中を走る時代，カーボンニュートラルの時代の到来を大いに期待したい。

コラム8－1　レシプロエンジンの有用性を問う

　自動車の動力源は，ピストンがシリンダー内を往復運動する構造を持つレシプロエンジンが主流である。このエンジンは温室効果ガスを排出する。他方，バッテリーで駆動する電気自動車がエコカーの主役として浮上し，エンジンとバッテリーの優劣をつける「ＥＶ論争」が日常まで浸透している。果たしてその真相はどうであろうか。

　世界のCO_2排出量の部門別内訳は，電力39.3％，産業部門25.7％，

自動車18.0%（航空・船舶等を除く），熱（業務・家庭）10.8%の順である。発電は環境汚染を引き起こす可能性が最も高く，しかも発電システムはＥＶ車の動力源となる。要するに，レシプロエンジン搭載の内燃機関車が必ずしも悪いとはいえない，という事実が判明している。

図表8－6　世界のCO$_2$排出量（2015年）

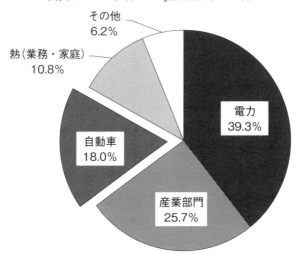

（出所）経済産業省『エネルギー白書2018年版』110頁より筆者作成。

コラム8－2　半導体で走るApple CarとSony Car

　ＥＶ車はオープン・アーキテクチャーの設計思想に適合した製品である。組み合わせ型ものづくりで成り立つ分野で，参入障壁は低く，業界乱立が起こっている。こうしたなか，近年，情報通信技術（ＩＣＴ）で繋がる自動車のビジネスが脚光を浴びている。

　　アップル社は，自動車の製造を電子半導体メーカーである台湾のＴＳＭＣや鴻海精密工業（Foxconn）にアウトソーシングする，壮大なフレームワークの構築をほのめかしている。この「アップルカー」構想は，iPhoneのビジネスモデルとＥＶ車のアーキテクチャを結び付けたもので，半導体のグローバル・サプライチェーンを握ることで覇権が決まる。さらにグーグル社はＡＩを活用した自動運転車の実用化に向けて動き出した。

　　日本では，2022年10月，ソニーとホンダが合弁企業ソニー・ホンダモビリティの設立発表会を開き，2025年をめどに新概念のＥＶ車を発売することを表明した。この「ソニーカー」構想は「アップルカー」と対抗する業際同盟であり，産業再編を促す起爆剤になると予想される。

【ディスカッション】

［1］　一時期，「CASE」という新造語で自動車産業の変化と展望を予見していたことがある。現状はどのような進展があるか，例を挙げ，説明してみよう。

［2］　トヨタ自動車は，次世代技術を集約した実験都市「ウーブン・シティ」（Woven City）を2025年までに開所することを決めた。このような取組みの意義について議論しよう。

［3］　現代自動車は，地上と空を結ぶ新しいモビリティ車両の開発に意欲を見せ，研究開発に力を注いでいる。実現の可能性と課題について論じてみよう。

【参考文献】

李泰王「ものづくり設計思想の相乗効果の問題とＭＩＦ業際分業仮説」『愛知大学経済論集』第209号，2019年。

李泰王「日本自動車産業の電動化とハイブリッド車普及」『愛知大学経済論集』第212号，2020年。

金村聖志「電気自動車用蓄電池の現状」『工業材料』第66巻第10号，2018年。

鈴木央一・小鹿健一郎・山口恭平「使用過程ハイブリッド車における燃費及びバッテリー性能の変化に関する研究」『自動車技術会論文集』第49巻第6号，2018年。

鈴木俊宏「軽自動車の役割」『自動車技術』第61巻第1号，2007年。

水谷良治「ハイブリッド自動車用モータの技術変遷」『電学誌』（The Institute of Electrical Engineers of Japan），第138巻第5号，2018年。

이태왕「대만의　전자반도체　산업과　파운드리　공급망　구조－Acer, Asus, TSMC, Foxconn을　중심으로－」『비교중국연구』제3권제2호，인천대학교　중국학술원，2022년 7월．（李泰王「台湾の電子半導体産業とファウンドリ・サプライチェーンの構造－Acer, Asus, TSMC, 鴻海精密工業を中心に－」『比較中国研究』第3巻第2号，仁川大学中国学術院，2022年7月，韓国語）。

エピローグ

　本書の初版を上梓したのは2016年でしたが，それから6年余り経ち，ようやく第2版を刊行することができました。

　初版では，ものづくりの「型」についての時間的・空間的・場面的な多様性を捉えました。日本と韓国における，似て非なるものづくり思想の実態をトヨタと現代自動車を比較して解明しています。第2版では，それに加え初版の課題だったエコカー技術革新のゆくえに答えるべく，市場動向を反映した新章を設け暫定的に結論を出しています。

　この間，世界はコロナ・パンデミックやロシアによるウクライナ侵攻といった危機に見舞われ，サプライチェーンが寸断し，ものづくりの基盤が動揺しました。幸いなことに，日本でもこの春からニューノーマルな施策が打ち出され，少しずつ安定を取り戻そうとしています。

　私は「ものづくりの進化は危機とともに起きる」という経験則を信じています。このような危機の中でも両社ならびに自動車業界全体が切磋琢磨しあい，成長し続けることを願ってやみません。

　本書を筆者に研究者の道へ導いてくださった恩師・故本多健吉先生に捧げます。

　本書を担当していただいた中央経済社の浜田匡氏にもたいへんお世話になりました。末筆ながら，ここに記してお礼申し上げます。

　最後に，長年にわたり常に筆者を励ましてくれている妻金恩珠，娘李甫鈴と息子李然宇にも感謝の気持を伝えたいと思います。

2023年初春　研修先のソウル大学研究室にて

李　　泰　王

索　引

【著者略歴】

李　泰王（い　てわん）

愛知大学経済学部教授，博士（経済学）

1960年韓国生まれ。慶北大学貿易学科卒業，大阪市立大学大学院経済学研究科修士・博士課程修了。サムスン（三星）経済研究所・重工業・商用車の勤務を経て，2000年4月より愛知大学経済学部専任講師，助教授，教授にいたる。

2022年4月〜2023年3月，ソウル大学日本研究所客員研究員。

専攻は，アジア経済・国際経済論。

研究分野は，自動車産業，ものづくり経営分析，技術経営論。

主な著書に『ヒュンダイ・システムの研究』中央経済社，『アジア自由貿易論』図書出版ハヌル（韓国語，共編）などがある。

「ものづくり」自動車産業論（第2版）

HYUNDAIとTOYOTA

2016年3月30日	第1版第1刷発行
2021年2月20日	第1版第5刷発行
2023年4月1日	第2版第1刷発行

著　者	李　　　泰　王
発行者	山　本　　　継
発行所	㈱中央経済社
発売元	㈱中央経済グループ パ ブ リ ッ シ ン グ

〒101-0051　東京都千代田区神田神保町1-31-2
電話　03 (3293) 3371(編集代表)
03 (3293) 3381(営業代表)
https://www.chuokeizai.co.jp
印刷／㈱堀 内 印 刷 所
製本／㈲井 上 製 本 所

© 2023
Printed in Japan